ANIMAL WEAPONS

动物武器

［美］道格拉斯·埃姆伦（Douglas J. Emlen）◎著

［美］戴维·图斯（David J. Tuss）◎插图

胡正飞◎译

浙江人民出版社

ZHEJIANG PEOPLE'S PUBLISHING HOUSE

我不知道第三次世界大战会用什么武器，
但是第四次人类使用的一定是木棍和石头。

阿尔伯特·爱因斯坦

吴伯凡

著名学者，"伯凡时间"创始人

越来越多的创新、创业者开始关注"新物种""新造物学"等话题，我相信这是一本能让他们感到惊喜的书。

这是一本动物世界版的《竞争战略》。动物的性状、样态，从蜥蜴的伪装术到蛇的毒牙，从象牙到鹿角，再到人类发明的五花八门的武器，都不过是特定场景下的解决方案，都是经过反复迭代，被生存环境最终认可的创新性产品。

这也可以看作是一本以动物世界为主题的经济学著作。正如作者所说，"大自然是一位超级经济学家"，动物的尖牙利爪都是被一只"看不见的手"以特定的算法（"天算"）、流程（"天工"）造出来的。

同时，这也是一部体现"知识大融通"风采的"新博物学"佳作，妙趣横生，又让人茅塞顿开。

动物武器的秘密你了解多少?

1. 在食肉类哺乳动物的口中，主要用于切割、撕裂食物的牙齿是哪种? （　　　）

    A. 门齿   B. 犬齿

    C. 前臼齿   D. 臼齿

2. 诱发动物武器中的军备竞赛的因素有哪些? （　　　）

    A. 竞争   B. 合作

    C. 经济效益   D. 一对一对决

3. 有些物种中存在着"女尊男卑"的现象，你知道具体有哪些动物吗? （　　　）

    A. 羚羊   B. 鲸鱼

    C. 美洲水雉   D. 非洲象

4. 从某种程度上看，人类武器与动物武器有着异曲同工之妙，下列哪些不属于中世纪骑士的武器装备？（　　　）

　　A. 长弓　　　　　　　　　　　　B. 盔甲

　　C. 步枪　　　　　　　　　　　　D. 盾牌

5. 在很多地方的热带海滩上都生活着不计其数的招潮蟹，雄性招潮蟹往往都长有相对于它们娇小的体型而言硕大无比的鳌爪，那你知道鳌爪最主要的用途是什么吗？（　　　）

　　A. 捕食　　　　　　　　　　　　B. 战斗

　　C. 挖掘巢穴　　　　　　　　　　D. 威慑

6. 被称为海战中的终极"骗术"的武器是哪种？（　　　）

　　A. 潜艇　　　　　　　　　　　　B. 鱼雷

　　C. 战列舰　　　　　　　　　　　D. 帆战船

7. 在第一次世界大战中，飞机承担的主要任务是什么？（　　　）

　　A. 轰炸　　　　　　　　　　　　B. 侦察

　　C. 导航　　　　　　　　　　　　D. 运输

想要获知动物武器的秘密吗？
扫码获取"湛庐阅读"APP，
搜索"动物武器"查看测试题答案！

自打记事起，我就对大型武器痴迷不已，说不清为什么。我的祖祖辈辈可都是贵格会教徒 ①，所以这事好像有点说不过去。每次去自然历史博物馆现场教学，最吸引我的不是鸟类或斑马，而是长着弯曲长牙的乳齿象，或是头上顶着一米半长大角的三角龙（triceratops）。每个展厅里都仿佛埋伏着一头张牙舞爪的怪物，或者从头部猛地突起犄角，或者从肩胛骨之间冒出一块骨头，又或者从尾巴上钻出一根尖刺。高卢驼鹿（Gallic moose）的鹿角有近 4 米宽，非洲有角兽（arsinotheres）的角则将近 2 米长，甚至连角的根部也有 30 厘米宽。我常常目不转睛、暗自思忖，它们身上长出来的这些武器为什么都这么大？

随着年岁增长，特别是积累了更多的生物学知识后，我意识到所谓的"大"和绝对尺寸其实没什么关系，真正的"大"是指和全身尺寸的比例关系超乎寻常。一些超级巨大的武器构造，也可以长在体型微小的动物身上。例如，博物馆标本

① 贵格会（Quakers），又名教友派，全世界共有信徒 20 余万人，反对任何形式的战争和暴力，主张和平主义和宗教自由。——译者注

动物武器
ANIMAL WEAPONS The Evolution of Battle

柜中就藏着不计其数的干燥标本，个个都是古怪的物种：有的甲虫长着超长前腿，必须要把它的腿以一种怪异的姿势折叠好，否则连抽屉门都关不上；还有些动物的角实在是太大了，不得不挂在抽屉侧面；而许多物种由于太过微小，只有通过显微镜才能看清楚其武器构造，正如西非黄蜂（West African wasp）那一脸扭曲的獠牙，或者苍蝇头上那对分叉的大角。

　　冥冥之中，我以对终极武器的研究开始了我的学术生涯。我总是竭尽全力去探寻最为疯狂、最为怪异的动物，以及这些动物生活的秘境。我所专注的秘境是热带，研究的对象是那些数量众多的动物，而且既能在野外观察，又能在实验室饲养。就这样，我和蜣螂，也就是俗称的"屎壳郎"结下了不解之缘。最初，我对此十分抗拒，蜣螂算啥呀，没有麋鹿或驼鹿的派头也就算了，还吃大便！而且，在跟非业内人士解释我的工作的时候，我要怎么启齿啊！写到这儿，我的眼前就浮现出了我岳父的形象，他是一位退休的空军上校。当我提出想带着他女儿一起到一个遥远的热带雨林研究站去，而且是去看屎壳郎时，他脸上的古怪表情令我终身难忘。

　　话说回来，蜣螂的确是我的命中贵人，它们在热带到处可见，而且是验证我的各种想法的极佳样本。你看这些蜣螂，蹲在地上就像一只只小乌龟①，还长着各式各样的角，浑身披挂，可谓武装到了牙齿。更棒的是，人们对它们是如何使用这些角武器的，几乎一无所知，更不用说弄清楚为什么它们的角会这么大，又为什么会这么千变万化。这些事情是生物学家做梦都想弄明白的。就像人类探索海洋和星空一样，我实在抵御不了这些未知领域的诱惑，终于一头扎了进去，将对动物终极武器的研究历程一直持续到了现在。

　　20年后的今天，我仍然保持着当年对蜣螂武器的那份热爱之情、敬畏之心。

---

① 的确，蜣螂的另一个不太严谨的叫法是"粪金龟"。——译者注

我追随着它们，足迹踏遍非洲、澳洲以及中南美洲，收获颇丰。同时，我终于有机会将同行们的研究成果整合在一起，将在苍蝇、大象、麋鹿、招潮蟹等动物身上发生的终极武器的故事大白于天下。通过此书，我将首次尝试将大自然在动物武器上恣意妄为、波澜壮阔的一面呈现给读者。

在整合这些动物的故事时，我发现还有一个物种需要关注：人类。我越是努力地去寻找多姿多彩的动物武器背后的共同特征，就越是发现人类的武器其实也有异曲同工之妙。最终，我将此书衍生到了各个领域内的终极武器。通过在浩瀚的军事历史卷宗中跋涉，我一点点挖掘出了人类那些最值得称道的武器是如何随着环境和条件而不断升级、进化的。果不其然，大千世界无奇不有，却也天下同宗。所有的故事都环环相扣、相灭相生。历经求索，我把动物武器和人类武器融合在一起，终于成就了这本小册子。

这是一本关于终极武器的书。我想说的就是这些，让我们一起启程吧！

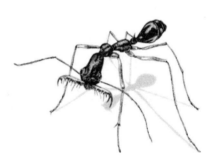

　　山中的夜晚分外清冷。银河横贯夜空，嶙峋怪异的群峰在星光下若隐若现。我和大学好友斯科特选择了早秋时节，也就是麋鹿发情的高峰期，在洛基山国家公园露营。在我的坚持下，我们将宿营地选在了一个偏僻的地方，营地人烟稀少，周围只有白杨和棉白杨相伴。自忖有了这样的布置，足以让我们进退自如。

　　大约是凌晨两点，我迷迷糊糊地被惊醒了。有枪响？我忙坐起来，屏息静听。又来了，"啪"！我立刻醒悟过来：这不是枪击！我赶紧把斯科特摇醒，冲出了帐篷。果不其然，就在离我们不到六七米远的地方，两只公麋鹿正处于心无旁骛的鏖战之中，看上去黑压压、影影绰绰的一团，空气中充满了雄性的、狂怒的气息，仿佛下一刻就要爆炸一般。要知道，一只成年公麋鹿的体重往往有 360 多公斤。

　　这两只公麋鹿对旁边的帐篷和里面的人类视若无物，我们只能战战兢兢地赤脚站在刚结霜的地上,甚至不敢正眼观看这场争斗。它们先是兜着圈,彼此打量着对方,接着开始低头、发力,然后就是天崩地裂的一撞。一戳一刺,回合之间,它们低声怒吼,头部交缠在一起,难解难分,鹿角噼啪作响,被挑起的草皮也随之上下翻飞。它们的尾部正好在围着我们的帐篷高速打转,就仿佛在上演一场远古时代的盛大舞蹈,而且是以倍速快进的,其中的两位主演早已进入了浑然忘我的境界。万幸,最终无论是人还是帐篷都毫发无损。15 年过去了,我仍然记得,在那个 9 月的晚上,公麋鹿们浓重的呼吸蒸腾成一团雾气,盘旋于黑色的身影之上。浓重的麝香气味,正从公麋鹿面部的油脂腺中散发出来。一切都仿佛历历在目。

麋鹿作为一种大型兽类,恰到好处地体现了力与美的结合。它身上最引人入胜的部位无疑是头部的鹿角。这就是武器的魅力。几个世纪以来,在皇家大殿的墙壁上,无一不装饰着麋鹿、马鹿、驼鹿或驯鹿的鹿角,也无一不借此彰显着帝王的恢弘气势。再看看那些自视甚高的城堡,又有哪一个没有鹿角呢?在印有纹章的战袍上,长着角的雄鹿也是很常见的一种纹样。而在不计其数的猎人基地、运动用品店、酒店、酒吧,壁炉上挂着的鹿角、羊角、牛角等更是随处可见,更是以这种低调奢华的方式宣扬着猎杀者的荣耀。

这种对动物武器的钟情并不鲜见。在迄今为止发现的人类最早的绘画作品中,就已经可以看到雄鹿分叉的大角、乳齿象的弧形长牙、犀牛角、水牛角等,这些多姿多彩的形象都呈现在一面 3 万多年前的岩洞的烟墙上 [①]。今天,鹿角和牛角也出现在很多企业的品牌形象中,例如苏格

---

① 此处应指西班牙的阿尔塔米拉洞窟中的岩画。——译者注

兰单一麦芽威士忌（single malt scotch）中的格兰菲迪（Glenfiddich）、达尔摩（Dalmore），烈酒中的野格圣鹿利口酒（Jägermeister）、鹿首啤酒（Moosehead Lager），农场设备中的约翰迪尔（John Deere，又称强鹿），枪支中的勃朗宁（Browning），汽车中的保时捷、道奇，衣物中的 A&F（Abercrombie & Fitch），登山装备中的猛犸象（Mammut）等，曼尼托巴驼鹿队、圣路易斯公羊队、密尔沃基雄鹿队、得州大学长角牛队等各式球队也在使用这些形象，别忘了还有制药公司中的杨森、投资公司中的哈特福德、美林证券等，不一而足。认了吧，我们爱死了鹿角、牛角这类形象。

那么问题来了：鹿角为什么让人如此痴迷？究竟是什么让我们又喜又怕？肯定不仅仅因为鹿角是种武器，大多数动物都有自己的独门武器。狮子、老虎、老鹰都各有其特有的利爪，蛇类有其毒牙，黄蜂有其毒刺，就连宠物狗也有一口坚牙。鹿角的特色在于其外形之"大"。公麋鹿身上的鹿角耸立在头部，重量可达 20 公斤。它从根部分为两支，每一支上又都生长着大大小小的七尖叉，最长的超过 1 米高，并向身体后部延展，长度几乎可以占据身体的一半，简直可以称之为庞然大物。一般情况下，鹿角越大越昂贵。由于鹿角每年都要脱落、重生，公麋鹿为此付出的代价是惊人的。

鹿的身体其他部位的成熟往往需要耗费多年，而即使对最大的公麋鹿来说，其鹿角从一无所有到长大成形也只需几个月的时间。也就是说，鹿角比任何部位、任何骨骼都长得快，相应的能量消耗也大为增加。以扁角鹿（fallow deer）为例，在鹿角生长期间，它们每日的能量消耗是平时的两倍多。不仅如此，鹿角生长需要大量构成骨骼主要成分的钙和磷，单靠食物摄入是远远不够的，还需要从其他骨骼中抽取这些矿物质，并分流补充到鹿角中去。这对骨骼而言是一种很大的损失，所以这些动物会出现周期性的骨质疏松症。

这样的情景在每年的发情期间都会准时上演，一方面它们的骨骼变得脆弱、易碎，另一方面又要在无休止的求偶争斗中面对重达360多公斤的对手。在发情期的尾声阶段，这些斗士在经历了繁重而艰巨的战役后，往往变得遍体鳞伤、饥渴难耐、脆弱不堪，体重甚至会减少1/4。如果不能在冬季来临前的几周内迅速恢复体力，等待它们的就只有饿死。

令人赞叹的美丽，令人唏嘘的残忍。在生命进化的历史长河中，此类终极武器曾经一而再、再而三地不断出现，时至今日，在自然界中还剩下大约3 000个物种配置着这样的武器。跟总计约130万种动物比起来，这个群体也许只是沧海一粟，但也足够称得上是一个大千世界了。在动物史早期，曾经占据尺寸榜榜首位置的武器有三角龙、雷兽（titano-theres）、猛犸象和海豚的牙（见图0-1），爱尔兰麋鹿的鹿角，三叶虫（trilobites，见图0-2）的角等。当前，这样的例子包括海象、羚羊、鲸鱼、螃蟹、虾、甲虫、蝼蛄、盲蜘蛛和果蝇等。这些例子只是很少的一部分而已。

武器的组成也是多种多样的，发结、骨骼、牙齿抑或甲壳，千姿百态、形态各异。有些可以看作原有构造的放大版，例如硕大的牙齿或超长的大腿，紫茎甲虫就有着超长的后腿（见图0-3）。有些则可以看成是原创，从一个结节或一个肿块开始，只要足够大，都可以进化成为一种独门秘器。武器的尺寸更是不拘一格，既有像新几内亚鹿角蝇（见图0-4）那样只有6毫米长的"角"，也有乳齿象那样长达5米的獠牙。不管绝对大小如何，这些武器的尺寸相对于携带它们的个体的比例，都超乎寻常地大。

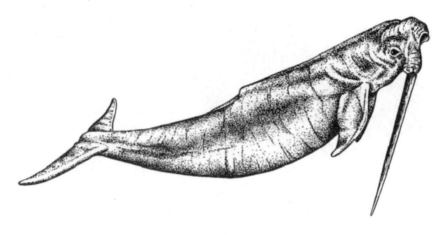

图 0-1 长牙海豚

　　本书讲述的这些终极武器的构造与形状，都庞大无比、奇异非常，不可思议。在我们看来，不管是哪种动物携带着它们，都应该跌跌撞撞、人仰马翻才对。缘何这样？在本书中，我们将潜入丛林、爬上山坡，深入探究这些动物斗士的战场和它们的日常生活，看看背后到底有哪些相通之处。

　　人类作为动物的一种当然也不例外，需要检视一下自己的军火库。本书中，我们将深入对比动物武器和人造武器的异同。实际上，两者中的绝大部分要么很精巧，要么并不太大。但是，也常有常规平衡被打破的时候，导致"军备竞赛"迅速升级。在武器的演进被卷入这些军备竞赛之前，总有一些特殊的因素会被触发。而动物世界和人类世界如出一辙，触发这些因素的环境变化都是一样的。

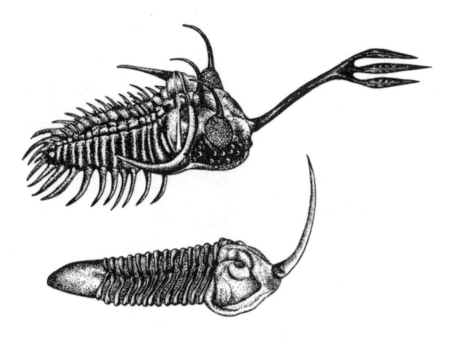

图 0-2　长"角"的三叶虫

军备竞赛一旦启动，不管是动物世界还是人类世界，都必然导致巨型武器的出现，无论是尺寸上还是成本上。同时，军备竞赛的发展路径也是一样的。不管什么样的巨型武器都将轰然倒下，军备竞赛也终将烟消云散，而导致这种变化的环境也几乎一模一样。看到这些，我们会不由得惊叹，动物能教给我们的东西实在是数不胜数。

动物的武器与进化过程紧密关联：群体内不断发生渐进式的更新，假以时日，最终导致物种形态的改变。究其本质，只能说进化过程很简单。个体以千变万化的形态存在，形态的特征又代代相传。如果把这种代代相传看作是信息的传输，那么这种传输过程可谓非常高效，但还不甚完美，错误不可避免，传输误差进而导致了新的形态特征，群体中常有新的变种横空出世。新旧形态相互并存，在资源和繁殖机会的竞争中，胜者生存。

图 0-3　紫茎甲虫，又称蛙腿叶甲虫

只要不同的个体在繁殖后代的成功率上存在差异，进化就会发生。也许只是概率在背后操纵（繁殖本身就存在随机偏差），也许是自然选择的结果；具备某些特征的个体与其他个体相比更能适应环境，有更多的机会留下后代。经过一代又一代周而复始的进化后，更高效的形态必然会取得统治地位。这可以称为是一种"选择性灭杀"，整个群体可以借此实现进化。回到上文中提到的所谓传输误差，误差将会引入新的形态，如果新的个体劣于别的个体，那么它就会逐渐消亡。如果新的个体更强，那么这种新形态就会扩散出去，并替代掉旧的形态。进化中的误差本是无心，却逆袭成功当了主角。

图 0-4　新几内亚鹿角蝇的"鹿角"

巨型武器看起来十分笨重，似乎很难被选择过程所青睐，而在绝大多数情况下，实际情况也是如此。想想看，这么别扭的大块头，又有多少动物个体能得心应手地使用它呢？所以，在大多数物种身上，对武器进行自然选择的结果是恰到好处的尺寸加上代价的最小化。例如，牙齿是用来撕咬猎物或抓住猎物的，出于这个目的，牙齿的尺寸和形状够用就行了，并不会因此对速度和机动性影响过大。总而言之，对动物武器的自然选择本质上是种权衡：更大的武器或许更有利于刺杀与撕咬，但也降低了便携性、提高了制造成本。这就像是一场拔河比赛，反复拉锯的结果是：绝大多数物种配备的都是"不那么大"的武器。

凡事皆有异类，偶尔，权衡借助的天平也会倾斜。在枝繁叶茂的生命之树上，还点缀着这样一些物种：在这些动物身上，基本不存在"恰到好处"，也不受什么平衡法则的禁锢，武器的进化就像脱缰的野马一般无拘无束，却又毫无例外地朝着越来越大的方向发展。那些装备了最怪诞、最丰富的武器的个体，一定能打败它的那些温良俭让的同伴，随之它们也获得了最大的繁衍机会。它们的后代则接过前辈的衣钵，继续巩固优势，并将整个群体的武器尺寸提高到一个新的等级。只要有新的革新，这个过程就会重复下去。日复一日，永远都会有最新、最大的武器出现，永远都会有武器的升级换代，整个群体就这样义无反顾地朝着极端的方向发展下去。这么说吧，这些物种都是军备竞赛的弄潮儿。

军备竞赛都是从小型武器开始的，随着时间的推移，武器越来越大，尺寸增加的速度也越来越快。本书也按照这个逻辑，由小及大，按照不同阶段构建出以军备竞赛为轮廓的生态图景。第一部分"起始于小"，首先检视了自然选择的机制原理，以及选择所带来的与时俱进的武器设计。然后引出了对平衡法则的讨论，从而描绘出武器同时向更小与更大两方面发展的拉锯战，以及这种平衡有些时候会被打破的原因。

那些最大型的武器往往来自雄性动物在求偶过程中所面临的竞争。第二部分"水到渠成"，首先证实了这个结论的真实性，并探究了竞争是如何扣动军备竞赛的扳机的。竞争的存在是大型武器快速演进的驱动力，但还需要两个必要条件。三个要素缺少其中任何一个，军备竞赛都发动不起来。通过层层分析，笔者将首次揭示巨型武器的本质逻辑，阐述为什么某些构造只在特定的物种上出现，以及这种超乎寻常的比例到底从何而来。

第三部分"自生自灭"，军备竞赛一旦拉开帷幕，就仿佛有一只看不见的手，驱动着进化朝最大型武器的方向发展。本章节中详细描述了其中的各个阶段。巨额投入、威慑吓阻、偷拐抢骗都是必然出现的场景，但最终都免不了盛极而衰。细细赏析一下这些反复上演的军备竞赛，我们就能发现很多关于这些武器的故事，看到它们引起了怎样的冲突和竞争，以及如果进化走得太远会带来什么样的后果。

第四部分"殊途同归"，在这个部分里，我们开始将动物武器的进化史和人类纷繁复杂的历史进行比较。尽管我是一个生物学家而非军事史学家，这本书也主要是讲述动物武器的多样与铺张，可如果将上述两者摆在一起时，我们就会发现，军备竞赛的每一个要素，无论是触发的条件，还是发展的阶段，都可以在动物世界和人类社会之间找到惊人的相似性。严格来讲，人类制造的武器无法遗传，在 DNA 里可找不到武器的安装手册，组装它们的场所是工厂，而不是子宫。同时，人类制造武器展开竞争的目的不是为了争取更多的交配机会，成功的标志也不是后代的数目，而是货币。虽然如此，人造武器同样也是在形状、效能、尺寸等方面不断演进，而演进的方向几乎与动物武器一模一样。**军备竞赛就是军备竞赛，不管来自人类还是源于动物，都殊途同归。**

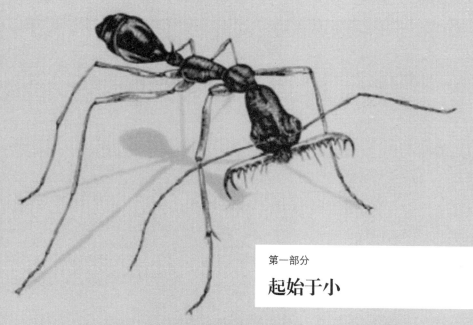

第一部分

起始于小

自然选择是武器进化的根本动力。更多的天敌会促使武器快速向大型化方向进化，而有时付出的代价太高，使用小型武器的个体反而比使用大型武器的个体更具优势。动物武器的进化就像在平衡法则的指引下同时向更大与更小两方面发展的一场拉锯战。

ANIMAL WEAPONS
The Evolution of Battle

伪装及护甲

01

ANIMAL WEAPONS
The Evolution of Battle

动物武器

ANIMAL WEAPONS The Evolution of Battle

1969 年 11 月的一个晚上，夜色沉沉。月光在树林间闪烁，在干干净净的地面上投射下鹅卵石和细枝条的影子。一扇金属门倏然打开，放出了两只老鼠，宛如格斗士被放进了罗马斗兽场。黑暗中它们两个如赛跑般到处寻找藏身之处，但最后只有一只老鼠能活下来。原来，在头顶的树枝上正蹲着一只虎视眈眈的猫头鹰。它死死盯住其中一只老鼠，优雅地俯身冲下，悄无声息之间手到擒来。前一刻还有两只活物，下一刻就只剩地上的血滴见证这刹那间的杀戮了。

6 个混凝土外壳箱体并排放在一起，外面均裹着铁丝网，猫头鹰就被困在里面。足足有 4 米宽、9 米高的空间，对老鼠来说，感觉就跟你我走进哩高球场 ① 一样。6 个笼子都一样，唯一的区别是，其中 3 个中的土壤是从旁边的野地里挖过来的，颜色黝黑。而另 3 个笼子中放的是从海边运

---

① 哩高球场（Mile High Stadium），是美国职业棒球大联盟球队科罗拉多落基山队的主球场，位于美国丹佛市，常被称为"打击者天堂"。——译者注

来的白色沙土。每个笼子里都待着一只伺机而动的猫头鹰。在南卡罗来纳的夜色下，总共大约有 600 只老鼠被一对对地放出来：一只灰色、一只白色，生死时速就这样一遍遍地上演着。如此大费周章，只为回答一个问题：猫头鹰会先抓什么毛色的老鼠？

猫头鹰是捕鼠能手。它在吞食猎物的时候，会将无法消化的部分连皮带骨地裹在一起吞进胃里，回头再反咳出一颗颗紧密的小球。生物学家勤勤勉勉地收集、检索着猫头鹰吐到地上的这些小球，通过统计、辨识其中的骨头，可以得知猫头鹰在某一天的进食情况。一只猫头鹰一晚可以吃掉 4~5 只老鼠，一年下来就是 1 000 多只。视地域不同，猫头鹰能吃掉 10%~20% 不等的鼠辈，也就是说，全世界的老鼠最多有 1/5 丧命于猫头鹰爪之下。

然而，尽管有诸多像猫头鹰这样的捕食者强敌四伏，灰背鹿鼠仍然在美国东南部的大地上茁壮成长着。它们的足迹遍布废弃的玉米地和棉花田、树篱墙边、林中地上，还有各式各样的灌木丛。在海岸边杂草丛生的沙丘里，甚至在亚拉巴马和北佛罗里达的近海岛屿上，都能够发现它们的踪影。

20 世纪 20 年代中期，弗兰西斯·伯特地·萨姆纳（Francis Bertody Sumner），当时最伟大的鼠类生物学家，注意到在佛罗里达海岸上出现了一种稀奇的白色老鼠。他奔走于鼠群之间，一丝不苟地对一代又一代老鼠进行采样。萨姆纳捕获了部分老鼠带回实验室继续饲养，对其余的则都进行了剥皮处理，收藏在博物馆内。这些样本呈现出来的特点非常显著：凡内陆地区的鼠群的皮毛都是深灰色的。这些老鼠住在铺有碎秸秆的田地和林中空地里，主要分布在亚拉巴马、田纳西、南卡罗来纳、佐治亚和内佛罗里达，与美国其他地方的田鼠没什么区别。而凡是聚集在海岸线内外沙质土地上的鼠群，皮毛就都是白色的。如果从内陆地区向海岸线行进，你就会发现一条明显的分界线，老鼠的毛色在这里产生了从灰色到白色的突变。而这条分界线宽度约 60 公里，轮廓延伸和海岸线几乎一模一样。

萨姆纳发现，分界线中土壤的颜色变化的趋势也是一样的。内陆地区的土壤呈灰色，充斥着腐烂植物产生的有机残渣。而在靠近海岸线的地方，土壤则呈沙白色。在有些地方，老鼠藏身的沙丘是由被海水反复漂白的沙子组成的，看上去就像一座座白色糖霜状的冰山。20 世纪 90 年代以后，哈佛大学的两位生物学家，琳恩·马伦（Lynne Mullen）和霍皮·霍克斯特拉（Hopi Hoekstra）重演了当年萨姆纳的工作。同样的模式仍然存在。土壤颜色从灰色变成白色，与此同时，老鼠的毛色也从灰变白。灰色老鼠与白色老鼠分别分布在内地和海岸区域。

除了毛色以外，内陆鼠与海岸鼠几乎相差无几，就连它们打地洞的方式都一样，都是先以某个角度斜插入地，再平行进入一个位于地表以下 30 厘米左右的巢穴。许多地洞还带有一个"逃生出口"，也就是一条从巢穴延伸出的垂直向上的管道，靠近地表的那头在距离地表二三厘米的地方打住。遇到有蛇或者黄鼠狼鬼鬼祟祟地在地洞附近转悠的时候，老鼠就可以启动"爆破"，冲出最后的这段薄土，逃之夭夭。它们的食物种类也相差无几，无外乎昆虫、种子，偶尔有些浆果、蜘蛛什么的。总而言之，两者的相异之处只有毛色。那么，为什么会这样呢？

这也正是上文提到的那个 1969 年 11 月开展的实验想解决的问题。

唐纳德·考夫曼（Donald Kaufman）是这个博士论文实验的实施者，他不厌其烦地将深色和白色皮毛的老鼠一遍遍放出笼子。然后，猫头鹰负责杀戮，考夫曼负责记录。结果表明，土壤颜色和老鼠毛色都有影响。在深色土壤上，浅色老鼠最易被杀，反过来，在白色沙地上，灰色老鼠运气最差。还有一些细微之处，例如，深色土壤上的白色老鼠在漆黑的夜晚最倒霉，它们的毛色会与周围的环境产生强烈的反差。而到了月光明亮的夜晚，白色的土壤又会将深色皮毛的老鼠衬托得分外显眼。老鼠的命运与月光及周围环境都有关，但整体模式仍然确凿无疑：谁跟背景环境格格不入，谁就将大祸临头。

霍皮·霍克斯特拉和她的同事们则接过接力棒，继续展开研究。这一次他们追踪了决定老鼠毛色的基因及其突变。只要能找到引起老鼠毛色变化的分子机制，他们就能够精确地重现老鼠的进化过程。大多数灰背鹿鼠的毛色是深色的，与它们居住的环境浑然一体，比较容易通过自然选择的考验。在过去的某个时间点上，大概是几千年前吧，内陆鼠迁徙到了墨西哥湾和大西洋沿岸区域的空旷地带，摇身一变成了海岸鼠。老鼠们照旧打洞，只不过这一次它们遇到了沙丘和草堤，居住环境发生了巨大改变，于是深色的海岸鼠就突然成了和尚头上的虱子。

海岸鼠身上与黑色素分泌有关的基因有两个，其中的一个或者两个有时会发生突变。携带突变基因的老鼠会与其他个体产生少许不同（人们常说的等位基因 ① 开始发挥作用），毛色会变得更浅一些。这样的老鼠在近海区域有更大的生存概率，所以其幼代的数量会逐渐多起来。假以时

---

① 等位基因，遗传学术语，指分别来自父辈和母辈的一对基因互为等位基因，控制同一性状，位于一对染色体的同一位置。——译者注

日，携带新旧基因的老鼠数量此涨彼消，直至深色老鼠彻底绝迹，整个种群改头换面。

到目前为止，我们谈论的都是与伪装有关的故事。这本书以伪装这个话题起头，多少有些奇怪。但实际上，武器并不都是进攻性的，它本身就有很多种形态。让我们以步兵为例来看看各式各样可以增强作战能力的装备。步兵配备有各种专业化武器，如榴弹发射器、自动武器（SAW），以及配备了可装卸刺刀的M4卡宾枪等主武器。除了这些，士兵们还要带着杀伤手榴弹、匕首、食物、饮用水、急救包，穿着护甲（由精制凯夫拉材料制成的防护衣，可防弹、隔热），戴着头盔，而士兵身上的制服，即"迷彩服"，其颜色、图案都与周围环境十分相似。

上述的很多装备都是用于防御而非进攻的，但它们的重要性绝不逊色，从这个意义上讲，它们也是武器。尽管本书主要探讨的是各类极致的武器，也就是在军火库中陈列的那些最大型的工具，但是别忘了，它们正是从其他类型的武器演变而来的。本章中我们主要讲解的是与迷彩服、护甲相仿的武器的功能，到第2章，我们再来说说那些动物身上轻型、便携的武器的表现。通过对这些动物的深入研究，我们就可以对自然选择和进化的进程了然于心。而这一切都和人造武器有着异曲同工之妙。

很明显，士兵和老鼠之所以都要尽量与环境融为一体，原因完全相同。想想看，夜战正酣，士兵们却穿着雪地迷彩大肆招摇是个什么效果。早在2003年，美国军方就采用了与考夫曼完全相同的方法，分别针对市区、沙漠、林地等各种环境测试了超过一打的颜色与图案，目的就是为了找出最不易被发现的组合，从而确定军队迷彩服的样式。在夜间测试中，人们得出了与考夫曼相同的结论：在月光皎洁的环境里，颜色越深反而越致命。对进攻的一方而言，现代条件下的士兵和猫头鹰所处的形势很相像，借助于诸如谷歌眼镜之类的技术，人类已经具备夜视能力。所以，在迷彩服的设计里，黑色已经被坚决彻底地剔除了。

可见，猫头鹰选择猎物和军队选择制服没什么不同，动物种群和军队都在朝着最佳伪装效果的方向进化。但是，大规模生产必定受到政治、经济因素的影响。军队也无法为每一种环境都设计一种最佳迷彩效果，所以还是采用了单一的、通用的迷彩图案（Universal Camouflage Pattern，简称 UCP）。

这种做法对生产和运输等后勤任务有利，却也导致军队在某些本应不露形迹的场景下暴露自己。想想看，老鼠进化的结果是形成了两大毛色体系，仅有一种毛色是行不通的；对人类而言，多样的战场环境也决定了绝不可能存在通用的、万能的迷彩图案。

矛盾说来就来，2009 年，所有人都意识到了通用迷彩图案在阿富汗战场上的糟糕表现。美国军队匆忙赶制出了所谓的"持久自由行动迷彩"（Operation Enduring Freedom Camouflage Pattern，简称 OCP），并在 2010 年投放于阿富汗战场。特种部队是无须考虑大规模生产的限制的，他们一直是根据任务需求来定制军服的。其他国家军事部门的做法也大同小异。

战场上的生死厮杀相当于在对军服进行一次次的自然选择，各种版本轮番登场，表现各有千秋，表现最好的版本自然会被留下来（通常是这样）。尽管整个发展史中间有些反复，但所有人都同意现代军服更高一筹，而且从历次战争来看，第二次世界大战强于第一次世界大战，当代战争强于朝鲜战争、越南战争。

无论是蜥蜴、形似鹅卵石的沙漠甲虫（desert beetles），还是拟态枯叶的巨型美洲大螽斯（giant tropical katydids），都是同一个进化过程的产物。换句话说，是那些以视觉搜索为捕食手段的捕猎者造就了这些擅长伪装的动物。受捕猎者的激励，这些伪装者不仅要将自己的体表颜色融入背景之中，还要改造自己的行为模式。它们的一举一动都生死攸关，或行走、或飞翔，如果不合时宜地从藏身之地仓皇逃出，甚至只要是姿态有异，都会置自己于险境。

一只螽斯，静止的时候酷似枯叶，可如果它在光天化日之下飞过空旷地带，那就无异于在向敌人通风报信。实际上，螽斯是夜行动物，白天它们都趴在树枝上，看起来与树叶毫无二致。如果一定要昼行，它们会采取一种横移的方式，看起来就像是树叶在微风中左右摇摆。如果把它们放在一张平坦干净、一览无余的桌面上，这种移动的方式就显得非常诡异。然而，把它们放在丛林之中，隐身效果就十分完美。所以，形状、颜色和移动方式三者组合在一起，形成了螽斯的完美伪装。

老鼠的毛色会和土壤尽量靠近，螽斯拟态树叶，这些都还算是一种被动防御，很难完全展示武器本色。动物世界里，还有许多其他可被看作"杀着"的防御手段。例如，许多动物都拥有化学武器，它们各显神通，要么自行合成毒素，要么从食物中提取或者调制毒素。放出毒素的方式也都别出心裁，有些毛毛虫身上带有微小的、带刺的针状体毛，从体毛根部的腺体中可渗透出有毒浓液。箭毒蛙（poison-dart frog）将毒素保存在皮肤之内，网纹蝗（foam grasshopper）是从腋下释放出难闻的气泡，而投弹手甲虫（bombardier beetle）则采用的是从肛门喷射酸液的方式。

　　更多的动物会采用装甲来保护自己。就像古罗马的百夫长和中世纪的骑士经常炫耀自己的金属盾牌和胸甲一样，大量的动物体表都覆盖着坚硬的外壳，这个外壳宛如装甲板，可能由致密的头发、骨骼构成，也可能是像昆虫、蟹类那样由角素构成。一说起装甲板，人们首先会想到龟类和蟹类动物，实际上，处于装甲板庇护下的动物还有犰狳、穿山甲、球潮虫（pill bug）、龟甲虫（tortoise beetle）等（见图 1-1），在早已灭绝的雕齿兽（glyptodont）、甲龙（ankylosaurs）等动物身上也能看到它的影子。

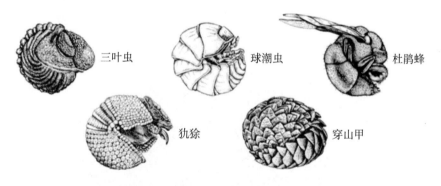

三叶虫　　球潮虫　　杜鹃蜂

犰狳　　穿山甲

图 1-1　采用"蜷缩"姿势保护自己的动物

　　在所有的防御型武器中，我个人最喜欢的是棘刺。棘刺由刃状的骨骼或角素构成，从侧翼和背部伸出，坚硬、锋利，足以割开捕食者的口腔或撕裂消化道的内壁。这种宛如匕首的武器保护着一大批动物，如豪猪（见图 1-2）、刺猬、帝王蟹、刺鲀（也称豪猪鱼）、蟊斯等。

　　三刺鱼（见图 1-3）巡游在欧洲和北美的沿海浅水区域。这种手指般大小的鱼类拥有两种防御型武器：一种是尖刺，表现为又硬又直的棘刺从背部和骨盆处伸出；另一种是护甲，表现为侧翼上整齐排列着的一排骨板。如同对灰背鹿鼠一样，生物学家们也针对三刺鱼展开了基因研究，以了解这些防御型性状产生突变的基因机制，这些基因决定了棘刺的长度、骨板的尺寸或数目等特征。他们又进一步分析了这些突变在自然选择之下到底是如何对武器的快速进化发挥作用的，只不过，这次科学家们研究的对象不是毛皮色素，而是骨骼的外生物（rigid bony outgrowth）。在后面的章节中，我们还会看到进化本身又是怎样为产生更大的骨骼外生物奠定基础的。

图 1-2　长有棘刺的豪猪

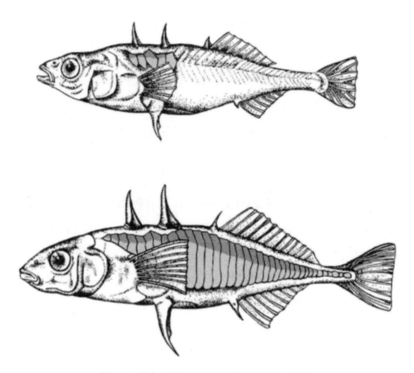

图 1-3　淡水三刺鱼（上）和海水三刺鱼（下）

　　进化的故事都是从突变开始的，三刺鱼也不例外。某些三刺鱼在"制造"防御型武器上更加"努力"些，跟别的鱼类相比，三刺鱼在棘刺的长度和骨板的数目上更占优势。更长的棘刺会使三刺鱼难以被捕猎者下咽，就像一只狗的喉咙被鸡骨头卡住，而更多的骨板会让一个冒冒失失的天敌张口咬三刺鱼时吃更多的苦头。现实情况是，所有对三刺鱼展开的攻击失败率高达 90%。但在捕食者发现上当，再把三刺鱼吐出来之前，它已经狼吞虎咽一阵子了。这时候，骨板就像是一块盾牌，可以最大限度地降低受伤程度。武器尺寸的突变对生存概率产生的影响就体现于此。

大多数三刺鱼生活在海洋环境中，它们所遇到的天敌都是一样的。而还有部分三刺鱼生活在淡水湖中，进化的故事在这里有了一个新的版本。淡水三刺鱼的出现更像是造化弄人，由于海平面上下波动，在水位高的时候，很多鱼类都涌进了内陆湖泊，而当水位下降时，它们就被困在了淡水环境中。新的环境意味着自然选择的另一番新的磨难，日久天长，它们的武器系统就发生了根深蒂固的变化。

化石是展示动物武器进化的好帮手。三刺鱼化石的储量极其丰富，在湖底的淤泥中层层叠叠地累积着无数鱼类的标本，为古生物学提供了无与伦比的研究材料。有关武器尺寸在岁月的长河中是如何变化的，都可以借此清清楚楚地呈现在人类面前。迈克尔·贝尔（Michael Bell）是石溪大学[①]的生物学家，他和他的同事通过研究内华达湖床中的化石，将 10 万年的历史以 250 年的间隔进行切片，重现了淡水三刺鱼的进化史。

进化初期，即三刺鱼进化的 10 万年的前 8 万年，生活在内华达湖的三刺鱼几乎没有发展出任何保护性的武器系统，只长着一根背棘、一个雏形的骨盆棘以及非常少的侧骨板。但是到了第 8.4 万年，护甲突然成了湖中三刺鱼的标配，也就是说所有的三刺鱼都装备了 3 根长背棘和一根完全发育的骨盆棘。贝尔认为，这极有可能是海水鱼在那个时候大量涌入，导致以有无护甲为标志的两类三刺鱼共存了约 100 年，然后具有初期形态的三刺鱼就不见了踪影。然而，在接下来的 1.3 万年里，三刺鱼身上的护甲又开始退化了：棘刺越来越短，最终又回归了初期形态。历时 10 万年的进化在这里又回到了原点。淡水系和海洋系的三刺鱼之间形成了明显的分水岭。

---

① 石溪大学（Stony Brook University）位于纽约，是世界上第一张核磁共振图像的诞生地。

时至今日，许多湖栖三刺鱼仍然处于刀枪入库的状态。英属哥伦比亚大学的多尔夫·施吕特（Dolph Schluter）及其学生发现，湖栖三刺鱼的天敌数目比起海栖三刺鱼来要少得多，进而他们认为自然选择对大型武器的要求要低得多，天敌越少，要求越宽松。另外，在湖水里制造一件护甲的代价要远高于在海水里，这主要是因为湖水中含有的骨骼生长所需的离子浓度比海水中低，而长成一块骨板需要经过一次离子矿化的过程。如果不需要装备护甲，三刺鱼就可以更早地进行繁殖，其后代也可以长得更壮一些。一切都刺激着湖栖三刺鱼要明白这样一个道理：如果过分追求长的棘刺和大的骨板，只能是得不偿失。

当然，每个故事都要有些小插曲，只不过对三刺鱼来讲，这个小插曲和进化的主旋律一致。丹·博尔尼克（Dan Bolnick）一直在研究华盛顿湖里的三刺鱼。他发现，这个湖里的三刺鱼一反常态地装备了较大的武器，而这种反常是在最近才发生的。要知道，至少根据1960年前后的采样结果，这个湖里的三刺鱼还和其他的湖栖三刺鱼并无二致。事出反常却有因，原来是人们加大了对湖水污染治理的力度，使得湖水的透明度大为提升。在这种特别干净的水质中，湖中引入的鳟鱼开始轰轰烈烈地捕食三刺鱼。原来如此！由此我们可以得知：**更多的天敌会立即促使武器向大型化的方向进化。**

人类的战士也要提防敌人的伤害，自古以来即是如此。三刺鱼和其他动物的护甲完全可以和人类的装甲相互比拟，其进化的原因和方向更是不约而同（见图1-4）。

图 1-4 罗马军团士兵的护甲

人类最早使用的护甲是盾牌，起初由动物皮制成，后来是将皮革绷在木质盾牌上，再然后有了由皮革、织物、枝条制成的护身衣或木制护身衣。随着武器制造技术的不断发展，护甲也跟着推陈出新。人造武器最先是用火烤过的尖头棍棒，以及以石刃为矛尖的长矛。打制过的燧石可以用来切割肉体，但比较容易破碎。在几千年的时间里，硬质皮革也被发现和用于提供足够的保护。冶金术出现后，武器技术一日千里，首先是青铜，但缺点是比较软、容易变钝；然后就是铁，单纯的皮质护甲就难以抵抗这种武器。为了对付金属，皮质战服上开始出现金属环和金属片，无论是长枪还是短剑，无论是击杀还是劈杀，护甲都可以抵挡一阵。古希腊战士的装束是在皮质胸甲上覆盖打磨过的青铜板，古罗马军团则是将胸甲和层层叠叠的金属片缝合在一起，与鱼类的鳞片相仿（当然，战士们还要头戴头盔，手持盾牌）。

到了公元 1100~1300 年十字军东征的时候，由铁环串接而成的锁子铠甲成为欧洲战争中的标准装备。锁子铠甲可以防护人体免遭金属利器的刺穿，但还避免不了冲击力量带来的伤害。实战中士兵们常常在铠甲里面穿上厚厚的织物或皮革，铠甲外面则带有金属片和皮质护甲，还要戴上头盔。很快，人体的很多部位上都披挂上了铁板，如肘部、肩膀、腿部等脆弱区域。于是在 14 世纪末，全副武装的盔甲就完全替代了锁子铠甲，就如游戏《辉甲骑士》（*knights in shining armor*）中呈现的那样。一直到 16 世纪，火药和火器的出现才终结了盔甲的使命。

打盔甲诞生的第一天起，人造盔甲的进化就同样是好处与代价之间不断平衡的结果。武器越来越具杀伤力，盔甲的厚度和硬度就得随之不断提升，当然体量也会不断增加。另外，盔甲固然有保护作用，但它也使得士兵的机动性越来越差。一套锁子铠甲重约 20 千克，这还不包括厚厚的皮甲在内。单单一个头盔也重约 9 千克，头盔内部往往闷热无比，骑士们一般都是将其挂在前马鞍上，在战斗前一刻才将其戴上。金属板给武士们带来的负担也很重，一旦被打翻或者摔下马来，如果没人帮忙的话，这个全副武装的武士连爬都爬不起来。继而，16 世纪末弓弩和长弓的出现已经让盔甲的效用大打折扣，直射人体的箭头完全可以穿透盔甲，而火药的普及则正式宣判了盔甲的死刑。回头想想三刺鱼的骨板，道理很简单：好处没了，代价就变得不可承受了。原则上讲，只要继续增加装甲的厚度，完全可以挡得住子弹，但这样的装甲肯定没有人能穿戴得动。这些情况最直接的后果就是：在人类历史上，护甲这种武器足足消失了 400 年，直到一种新产品的横空出世：凯夫拉 [1]。

　　从护甲的前世今生中，我们可以辨识出武器进化的所有关键进程：个体的武器装备各有不同；武器尺寸的区别会影响其载体的表现，这里的表现意味着：三刺鱼的存活、成长及繁殖，也包括人类战士的生存；于是，由于事关生死，武器的大小、形状都会激进地快速演进。**天下没有免费的午餐，有时候代价太高，使用小型武器的个体反而会比使用大型武器的个体更具优势**。在大多数时间里，对大多数武器而言，"更大"和"更好"两个方向的确是南辕北辙的。

---

[1] 凯夫拉，美国杜邦公司的一种纤维产品，广泛应用于坦克、防弹衣、航空母舰、驱逐舰等的装甲上，使上述兵器的防护性能及机动性能均大为改观。

尖牙和利爪

02

ANIMAL WEAPONS
The Evolution of Battle

动物武器

ANIMAL WEAPONS The Evolution of Battle

在我居住的蒙大拿州，美洲狮是一种常见动物。对许多蒙大拿人来说，他们之所以眷恋这片土地，这些大猫正是重要的原因之一。也正因为如此，每次我跨入旷野，耳边都仿佛有一个低沉而清晰的声音在告诫我：此时此地，人类可不是老大！有一年的 12 月份，在家后面的山脊上，我第一次与一只美洲狮面对面碰了个正着。这并不意外，我曾无数次在冬日清晨的雪地上发现过它们的爪印，也曾误打误撞在附近的森林中碰到过它们埋起来的战利品。美洲狮会用松针和松木枝把捕获的猎物盖起来，以便能够再次找到。那次碰见美洲狮，我也算是主动找上门。几年以前，我就把一个运动感应相机放在家后面的山沟里一眼小小的泉水旁边。每个星期，我都会过去更换记忆棒，然后回来整理一下之前拍下的一大堆图片，里面有各种过客轮番登场：喜鹊、鹿、臭鼬、狗熊、老鹰，当然还有美洲狮。

在那个 12 月的某个早晨，我正翻过小山朝着那眼泉走去。这时，我的狗突然窜到前面，扑向了一只"大猫"，而这只"大猫"扭身跳上最近的松树，在厚厚的松树枝里一下子消失了。倏忽之间，我先是目瞪口呆，接着就对我的狗竖起了大拇指。要知道，它可只是一只家养的平毛巡回犬，根本不是山地犬啊。自那以后我就对它刮目相看了。那天我没带防熊喷雾，没带相机，没带刀，连根束狗带都没有，可以说是毫无防备。这只"大猫"看起来体型不大，应该不会单独出没，一定还有母狮相伴，而母狮子可以从我身后灌木丛中的任何地方跳出来，除非我先看到它，否则就在劫难逃了。于是我赶紧拽着狗的项圈冲回了家中。半小时后，当我装备停当再次返回原处时，却再也找不到美洲狮的踪迹了。当我检索从相机中取回的记忆棒时，发现照片中的确是有两只狮子，而不是一只。我很庆幸当时及时撤退了。要知道大型猫科动物很少会以人类为猎物，可一旦动起手来绝对是秒杀。

猫科动物是掠食性哺乳动物中的大师，它们的动作无声、迅疾、致命。不过它们的武器还算相对小巧。凡事皆有因果，动物的这些特征都不是无缘无故长出来的。例如，为了猎取雪鞋兔（snowshoe hares）①，加拿大猞猁（Canada lynx）需要孤身潜入广袤的北方森林，无声无息地穿行于皑皑白雪之中。要想逮住一只野兔需要使出浑身解数，这种野兔的皮毛颜色跟自然环境可谓是完美融合，它们的伪装适用于多种自然场景。当冬天到来、大雪覆地的时候，它们的法宝就是换毛，褪下褐色皮毛，换上白色的"冬装"。

---

① 雪鞋兔是北美洲的一种野兔，又被称为白靴兔。其名字来源于它们形状较大的后脚。
——译者注

一旦发现雪鞋兔，猞猁就必须全力以赴。"大后脚"赋予了这种野兔无与伦比的加速能力，时速可达 70 公里，是北美地区第二快的哺乳动物，仅次于叉角羚羊。不仅如此，它们"大长后腿"的力量一旦爆发出来，可以出其不意地变换运动方向，而速度、加速度都丝毫不受影响。据说，伊索寓言《龟兔赛跑》中的兔子原型就是这种野兔。

这样一来，猞猁可算是碰上了对手，在与又快又机动的雪鞋兔的交手中经常落败。两者发生遭遇战的场景可以通过观察雪地上的足迹来复原，比如野兔是在哪里被惊动的，跑了多远，最终的赢家又是谁。在一项时间跨度为 5 年，范围覆盖几百公里的对猞猁行踪的研究中发现，只有约 1/4 的逐猎是成功的；而一项类似的研究则揭示出，猞猁们每隔 4~5 天才能抓住一只野兔，连肚子都填不饱。即便是在好年景，猞猁们也往往是徒劳无获，更不用说在时运不济的年头了。

雪鞋兔种群的数量波动很大，盛衰之间的差异可以达到 40 倍。这种数量上的变动导致每隔 8~10 年猞猁就会遭遇一次严重的食物短缺，在贫瘠的年份里，饥荒就成了主旋律。猞猁幼崽的成活率在野兔的"丰年"是 75%，而到了"灾年"，这个数字就会骤降到 0。捕获猎物的难度加上周期性的食物短缺，使得猞猁在捕猎能力的提升上面临着激进的自然选择，要想成功，就要配备有高端武器。

实际上，我们可以把大自然当做是对各种狩猎武器的一种检验，反过来，**这些武器如何在结构上适应于不同的生存环境和被捕食者，也造就了捕食动物的多样性**。食肉类哺乳动物的发展史，就仿佛是一部武器进化史，成功、失败交错其间。武器清单则包括前肢、爪子、下颚和牙齿。

最早的食肉类动物出现在大约 6 300 万年前，也就是恐龙灭绝后不久。那时候的食肉类动物还称不上是完全的捕食者，它们大多身材瘦弱、食物混杂，牙齿也没有什么特异之处。拟狐兽（vulpavus）就是其中的一员，其个头与雪貂相仿，身体纤弱、尾巴细长，很可能以昆虫、蜘蛛、蜥蜴、鸟及鼩鼱之类的小型哺乳动物为食。在早期食肉类动物的牙齿武器库里，主要装备有门牙、犬齿、沿着上下颚排布的一排前臼齿和臼齿等。从目前发现的最早的食肉类动物化石来看，它们口中不同部位的牙齿已经开始分化。犬齿最长，用来高效地捕获和杀死猎物；前臼齿尖锐，用于咬住并固定猎物；臼齿则用于在进食过程中切割、撕裂食物（见图 2-1）。针对穿刺、切割、撕裂等这样的任务，食肉类动物的牙齿可谓是术业有专攻。

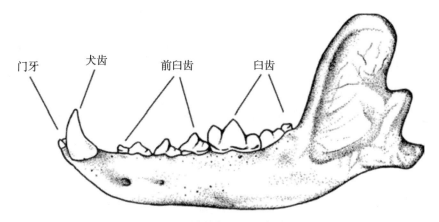

图 2-1　早期食肉类动物的牙齿

　　随着时间的推移，牙齿的功能分化趋势愈发明显。而与此同时，食肉类动物的种类急剧增长，同样的任务本身也产生了变化。许多物种所选择的猎物范围越来越窄，这种选择又带来了对武器需求的多样化。饮食习惯不同，狩猎习性不同，牙齿的演进方向就不同。有非常多的物种均只以肉食为生，比如狼、鬣狗、猫和剑齿虎等，它们的牙齿形状中或许还依稀带着杂食性物种的特征，但绝不雷同，这些形态不一的尖牙利齿无不成就了它们冷酷高效的"超级食肉动物"的称号。

狼是超级食肉动物中的"集大成者"，貌似杂而不精，实则透露着强者风范。它们的下颌又瘦又长，外形近乎优美，咬合速度惊人。下颌与坚固的犬牙配合在一起，可以死死地钳制住大型猎物的侧肋或大腿，从而将其掀翻在地。它们会采取群狼策略，即由不同的成员从几个方向同时进攻，从而一举干倒远大于自身体型的猎物。成功猎杀后，狼群开始大快朵颐，这时候，臼齿的"两用"特征就派上了用场，其边缘如剪刀般锋利，可以轻而易举地切开筋肉。与此同时，这些臼齿又足够厚实，磨碎一些小块骨头可谓不在话下。

鬣狗也是集体狩猎，但它们的下颌却是另一番景象。鬣狗的犬牙相对较短，臼齿则已经抛弃了祖先们的"两用"功能，褪去了锋利的边缘。鬣狗就像骨头破碎机，主要食用骨髓，所以它们的牙齿宽阔、坚硬，还有一个圆顶。鬣狗的面部和下颌短小敦实，构成了牙齿的坚强后盾。这套武器系统是由相应的机械原理来保障的：越是靠近杠杆支点，力产生的作用越大。套用到鬣狗身上，牙齿距离咬合轴近，所产生的效果是咬合速度慢，但咬合力强大。狼则截然相反，狼的下颌很长，犬牙位于下颌末端，咬合速度快，但咬合力小。正是基于这样的牙齿特征，鬣狗更擅长于嚼碎骨头，而不是撕扯血肉之躯（见图 2-2）。

图 2-2　狼、鬣狗、猫和剑齿虎的牙齿

　　猫也有着相对较短的口鼻和下颌，像鬣狗一样，力量优先，而非以快取胜。它们的臼齿已经进化成了单一用途的武器，但任务是切割，而不是粉碎。狭窄、尖利的臼齿不利于搞定骨头或四肢，用来对付肉质肌体却是得心应手。此外，鬣狗的主要武器是臼齿，而猫在执行类似刺穿厚厚的表皮、挑断猎物的脊髓等任务时依赖的法宝是犬齿，这一点和鬣狗是不一样的。

　　猫的确有其过人之处。它们能将前肢翻转向上：通过扭动腕关节，使脚上的肉垫向内，面向自己的躯体。灵活的前肢使得这类动物可以紧紧攀附在猎物身上，并且找到一个合适的位置来施展它们的致命一击。猫的犬齿又长又细，虽然刺穿猎物易如反掌，但如果它们被猛地拽向一边，受到扭转力的作用，犬齿就很容易折断。而对此，一只猫的应对之道就是在猎物的垂死挣扎过程中，贴身挂在猎物身上，长牙直刺、精确打击。当然，如果坚持不住的话，结果会很严重，那就是犬齿生生被折断。幸好猫的前肢非常灵活，使得它敏捷异常，擅长突袭，而且还会爬树逃命！还记得我屋后的狮子吗？老话说"猫有九条命"，此言不虚。

　　别看猫这么厉害，但和它们已经灭绝了的远祖亲戚剑齿虎一比，就逊色多了。剑齿虎的犬齿才可以称得上真正的王者之剑：一把 25 厘米长、可以硬生生切断猛犸象的脊柱的利器。可是，光长着巨齿还不够，没有颌骨、颅骨等部位及其相互之间位置的重大调整，剑齿虎的牙齿只能是典型的大而无用。实际上的进化结果是这样的：它们的上颌骨变得非常短，甚至比其他的猫科动物更短；犬齿更加靠近咬合轴，咬合力更加威猛。剑齿虎的嘴巴很厚，上下颌可以猛地一下子全然张开。由此，剑齿虎就不得不把它们的下颚一直向外拔出，形成一个仿佛订书机底盘的形状，否则它们就没有办法把这么大号的牙齿插入猎物的躯体。最终，剑齿虎的面部缩短了，颅骨缩小了，整个头部开始向后倾斜，只有这样才能保证剑齿虎在发起攻击时犬齿是始终对外的。所有这一切造化之功，终于导致史上最恐怖的犬牙横空出世。当然，相应的代价也急剧增长，剑齿虎在奔跑的时候常会被这些犬牙拖累。实际上，不管它们干什么，这些牙齿都未免有累赘之嫌。

装备了这样的利器，剑齿虎开始变得敢于捕猎体型更大的动物。诚然，在那个雷兽、巨獭和乳齿象大行其道的时代，大，就是压倒一切的优势。同样进化出剑齿的掠食性动物至少在四种哺乳动物种群中出现过。有两个种群已经灭绝，包括肉齿类（creodonts）中的拟猫兽（Apataelurus sp）、猎猫类（nim-ravids）中的弗氏巴博剑齿虎（Barbourofelis fricki），还有存在于猫科动物中的弯刀齿猫（scimitar-toothed cats）和短剑齿猫（dirk-toothed cats）。最后，剑齿也曾在有袋类（marsu-pials）种群中出现，如袋剑齿虎（thylacosmilus atrox）。现在一提到有袋类动物，人们总是想到澳大利亚，但其实这些有袋类哺乳动物曾经分布在很多地方，袋剑齿虎就生活在南美。

从拉布雷亚沥青坑（La Brea tar pits）^①中发掘出来的那些致命刃齿虎（smilodon fatalis）的化石保存得非常好，刃齿虎是短剑齿猫（见图 2-3）的一种。化石标本表明，刃齿虎体型比现代的狮子小，重量却是狮子的两倍多，大约为 270 公斤，尾巴呈短束状。这些矮墩墩的动物或许从来不打追击战，近距离伏击猎物才是它们的日常功课。从骨骼化石来看，剑齿类动物专门捕食行动笨拙的动物，如骆驼、幼猛犸象、幼乳齿象等。从前肢形态几乎可以断定，它们的捕猎方式就是从树上跃下，从天而降般扑在那些庞然大物的背上。

图 2-3　剑齿猫

---

① 拉布雷亚沥青坑，位于洛杉矶，是世界上蕴藏远古动物化石最丰富的区域之一。那里的地表上堆积着天然沥青，动物不慎陷入后，它们的骨骼化石就得到了长期保存。

食肉类动物的牙齿或大或小，与它们能不能进化、有没有进化无关。如果它们的牙齿较小，只是因为那些长着巨牙的同类个体在狩猎过程中落了下风、不幸被淘汰了。无论是牙齿，还是其他的身体构造，总是趋近于与自然选择折中的结果。更大型的武器也许能更高效地展开屠杀，却不见得能保证占得先机。正所谓物极必反，在自然发展的历史中，经常会出现一些盛极一时、装备有极端大型武器的掠食性动物个体，但在关键环节中，例如追捕猎物的速度上，它们很容易功亏一篑，日积月累，这些极端的武器形态也就烟消云散了。

　　剑齿虎就是一个很好的例子。犬齿一旦进化到极端大的水平，相应地就必然需要上下颌、颅骨形态都跟着变化。想想看，要想把上下颌张开得足够大，颌关节就得进化；要想把长长的牙齿插入猎物的脖颈或者喉咙，头部就要继续向后大幅倾斜。这样一来，剑齿虎无论如何都跑不快，永远摆脱不了大而无当的羁绊。相对而言，在那些以速度取胜、追捕猎物的食肉类动物身上，就不会出现这种巨型武器。

　　巨齿带来的麻烦不仅如此，连进食这样的基本生活要素也受到了影响。就拿简单的摄取食物来说，较大的犬牙会显得很威风，但在吃东西的时候，动物就不得不让面部侧过来对着食物，只有绕过犬牙、从嘴的两侧才能咬到，这多少有些造化弄人的意味。

　　正因为很难驾驭这种极端的尺寸，大多数掠食类动物的武器最终选择了短小精悍的路子。牙齿、爪子、尾刺，这些武器必须尖利而致命，但无须刻意追求巨大、壮观。例如，猞猁的犬牙就比周围的牙齿长，可以有效地切断野兔的脊柱，但是又没有大到会影响全身的敏捷度和头部转动的角度，更不能影响速度和身体协调性，这两点可是猞猁的生存之道。

除了尺寸，牙齿的形状也在进化过程中不断面临着妥协和平衡。没有一颗牙齿是万能的。像犬齿一样的修长牙齿，可以非常有效地刺穿皮肤、肌肉或内脏，但这些牙齿却对付不了骨头，甚至会被折断。刀片状的坚实牙齿，一旦整齐排列，并与另一侧颌上的牙齿精准配合时，处理起肌肉和筋缔来就犹如剪刀般顺手。但如果拿这些"刀片"来粉碎或研磨骨头，"刀片"就会断裂或变钝，连原有的基本功能也指望不上。反过来，那种宽阔、实心、有圆顶的牙齿，用于咬碎骨骼、直取营养丰富的骨髓可以说是不费吹灰之力，但执行起切、刺、划等动作时就束手无策。

某一方面的性能增强，肯定会削弱另一个方面的性能，妥协是不可避免的。这样一来问题就出现了，对掠食性动物来说，不管是刺、切，还是磨，越是有利于完成一个特定任务的牙齿特征，就越是和武器专业化的进化方向背道而驰。

而哺乳动物们误打误撞，探索出了一种新机制，多多少少规避了这种权衡取舍，使得它们在进化之路上脱颖而出。肉食类哺乳动物解耦了每组牙齿的依存关系和进化方式，使得每组牙齿的功能都可以沿着不同方向进化。结果就是，它们的上下颌上都承载着三到四种工具属性，如犬齿、前臼齿和臼齿，分工明确、各司其职。

在这里我想强调的是，这个成就绝非易事！其他类型的掠食性动物从未能在这点上迎头赶上。例如，兽脚类恐龙（theropod dinosaurs）种群里面大都是些臭名昭著的掠食者，包括异特龙（allosaurus）、食肉牛龙（carnotaurus），当然还有声名赫赫的霸王龙（tyrannosaurus rex，图 2-4）等，但它们的牙齿从来就没有出现过类似臼齿、前臼齿这样的分工，也没有适合于剪切的锋利边缘，更没有适合于研磨的圆顶。相反，它们的所有牙齿形状都跟犬齿差不多。结果，尽管兽脚类恐龙发展出了不同的体型，在食物来源上也尽可能地划分了势力范围，可它们从未像食肉类哺乳动物那样，发展出真正广泛的生态多样性。可以说，我们从来没有见到过能磨碎骨头的兽脚类恐龙，也从来没看到它们中间冒出来一个长剑齿类的物种。

图 2-4　霸王龙

由于不再拘泥于单一的牙齿形状和功能，食肉类动物们终于大获成功，成了名副其实的狩猎专家，但这还称不上是完美的猎手，毕竟那些导致各种进化相互掣肘的限制还在，犬牙、前臼齿和臼齿还是并排在同一个上下颌里，要想所有的牙齿都正常工作，就需要设法把骨头放置在有圆顶的臼齿上，将筋缔、肉块摆放到前臼齿底下，然后再小心翼翼地别让犬齿挡道，这样的咀嚼方式真是个精细活。看上去像不像一把瑞士军刀，当所有的功能都从手柄里面抽出来时还好用吗？

人类可以在法国餐馆里慢慢地享受一份精致的牛排，而那些天天面对着常态、激烈竞争的掠食性动物，却要时刻防备着对手对自身战利品的觊觎，它们是不会有这样的惬意的。现实很严峻，动物们必须要迅速地分解、粉碎猎物；生活太匆忙，失误带来的牙齿磨损、断裂每时每刻都有可能发生。一项调查表明，无论在现存的食肉类动物里，还是在已经灭绝的种群内，牙齿自然破损发生的频度令人咂舌，平均每四颗牙齿中就有一颗要么脱落、要么断裂、要么彻底破碎。

这种尺寸和功能之间的平衡，在掠食性鱼类中也很常见，特别是那些在开放水域里生活的洄游类掠食性动物，如金枪鱼、竹荚鱼等。和食肉类哺乳动物一样，这些鱼类在它们的种群里，往往也处于顶端，也可能是庞然大物，而巨大的下颌和牙齿，使得这些鱼类可以吞得下大型猎物。体型较小的鱼则根本不具备相应的生理条件。作为掠食性鱼类，它们必须快速游弋、迅速出击、及时解决战斗。但不幸的是，它们也像上文提到的猞猁一样，常常失手，准确一点说，捕猎成功概率小于50%，适中的体型和足够的速度对它们而言都极为重要。

理论上，鱼类可以在不扩大整体体型的前提下，增加下颌和牙齿的尺寸。如果一切正常，鱼类有能力吞食下比自己大的猎物，还不会对自身的新陈代谢造成额外的负担。这一次，老问题又跳出来捣蛋。下颌的维度会在两方面影响个体的功能：吞咽猎物与第一时间抓住猎物。更大的下颌当然有利于吞食更大、更多种类的猎物，但如此一来鱼类在水中受到的阻力也更大，也就无法获得更快的速度。对很多栖居在开放水域的鱼类来说，自然选择就是这样在两个方向上此消彼长、纠缠不已。由于鱼类终归要身兼两职，最终的结果一定是：下颌和牙齿在功能上要够用，在尺寸大小上要适宜，在武器系统的比例上要恰到好处。

我的母亲和继父在田纳西州东部有一个小农场，在我还是个孩子的时候，我经常蹚过那里一条名为"牛奔溪"（Bull Run Creek）的河。蹚河时溅起来的泥水很多，但我仍乐此不疲，过河后还要翻上远处的一座小山，山上就是邻居家的烟草园了。穿梭在比我那时的个头还高的植物中间，沿着田垄小心翼翼地前行，周围都是黏糊糊的叶子。那时我注意到，每棵植物的根部都会拱起一个个小土堆，里面藏着我正在找寻的东西：刚被雨水冲刷过、闪闪发亮的黑曜石或燧石。从某个合适的角度看过去，我可以发现这些石头某一面上的槽口或者鳞片状的边缘。我总能从一点点的蛛丝马迹中判断出来：地表以下是否埋藏着我梦寐以求的杰作。当然，大多数时候都是空手而归；但时不时也会有一件件精美绝伦的艺术品破土而出。

2 000 年前，某个猎人就栖息在这片田纳西山岭里，手里拿着石锤，敲打着一块拳头大小的黑曜石"石核"，从上面切割下来一块约 5 厘米长的碎片。接着，他继续用石锤轻轻地凿削这个碎片，去除一些小碎块后，一件有棱有角的尖状石器就大致成形了。最后，他取出一根鹿角骨，沿着石器的边缘上上下下奋力打磨起来，不断地磨去一些碎屑，直到整个石器呈对称状，每一条边上都有了利刃才罢休。一件 2 厘米长，顺手、致命、高效、可供打猎使用的武器就大功告成了。

我邻居家的园子里有很多这样的石制箭头，碎片丢弃得到处都是，这说明这个平顶的小山以前不是战场也不是猎场，而是一个制作此类尖状石器的村庄。大多数的箭头都已经破碎不堪了。对我来说，最幸福的时刻就是在一个完整的石制箭头终于出土后，我闭上眼睛，手里紧紧攥着它。周围是气味芬芳的烟叶，微风吹过，沙沙作响，仿佛在告诉我，上一个手握这件石器的人就是创造它的伟大工匠。这一刹那，我和历史心神相通。

2 000 年看似很长，但按照北美标准，这些在我们邻居家的园子里收集来的尖状石器仍然属于"新"的范畴。几万年来，石制的尖状物、长矛、投射器、弓箭等，都是人类手中的主要武器。无论是农夫犁耕时刨出来的，还是湖水、溪流侵蚀带给我们的，人们已经收集并归档了数百万件这样的石器。这对考古学家来说是件幸事，他们可以借此跟踪、分析在岁月的长河里，石器的形状、尺寸是如何进化的。显然，几乎所有这些武器都很小巧。就跟猞猁的犬牙、鱼类的下颌等一样，石制尖状物投射武器的发展，也体现了杀伤力和便携性的权衡。

早在 1.5 万年前，北美的猎人们就开始在长矛的顶端装上石制的尖状物，并利用投掷棍、投射器等来投掷它们了（见图 2-5）。想要让长矛平稳飞行，长柄的顶部和它其余的部分就要平衡；长矛要一击致命，顶部安装的石刃就必须足够宽，这样在猎物毛皮上扯开的口子才足够大，长矛柄才有足够的空间钻进猎物体内。这就给安装在特定木柄顶部的尖状物提出了严苛的要求：更粗大的长矛柄需要更大的石制尖状物。长矛越粗大，杀伤力、穿透力都越显著，所以，大有大的好处：可以杀死大型猎物。

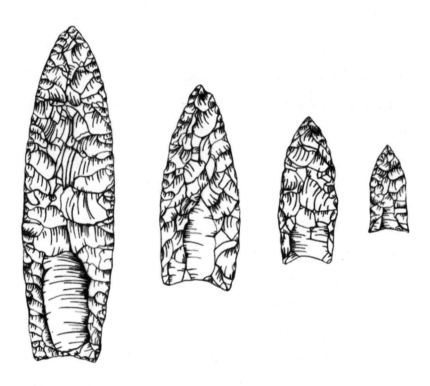

图 2-5 北美猎人使用的武器

与哺乳动物进化遇到的问题类似，大型武器的好处被相应的代价抵消了。为了制造更大的尖状物，就需要更大的黑曜石或燧石的石核，而且这些石核内部还不能有缺陷。相应的，加工时间也大大增加了。大型的长矛比较笨重，搬运起来也非常消耗人力。早期人类的集体狩猎活动范围很大，每天要行军 5~10 公里，每年超过 320 公里。这主要是因为人类还要追踪季节的变化，以及时转移到有成熟果实和块茎的地方去。每次在这种游牧式的迁移中，人们都要把所有东西带上，武器只是其中的一部分。

记录显示，在长达几千年的时间里，石制尖状物的大小和形状都没有什么改变，即便是革新发生的时候，这些武器也是变小了。**实际上，人类使用的武器的进化是渐进发生的，其触发因素主要来自两点：猎物尺寸的改变和发射武器技术的改变。**

先说说猎物尺寸带来的影响。迄今为止在北美发现得最早的尖状物之一是克洛维斯矛尖（Clovis points），最长的有 20 厘米，一般是七八厘米。凡是挖掘出克洛维斯矛尖的地方，就一定能发现猛犸象的遗骸。对北美猎人们来说，哥伦比亚猛犸象（Columbian mammoth）一直是他们的主要狩猎对象，一直到大约 1.2 万年前，猛犸象大规模灭绝，人们才把主攻方向转向古风野牛（Bison antiquus），这是另一种躯体庞大、现已灭绝的美洲野牛。

尽管体型还是很大，但古风野牛的体量却只是猛犸象的 1/6。通常情况下，猛犸象为 8 吨，古风野牛为 1.4 吨。就这样，矛和矛尖的尺寸都开始稳步缩小。拿猎杀野牛的武器进行比较，在克洛维斯矛尖的时代，武器长度平均为 5 厘米，而后来出现的福尔松矛尖（Folsom points），平均长度则降到了 4 厘米。后来，等到古风野牛也灭绝后，猎人们又瞄准了新的猎物，这次又是体量更小的动物，包括北美野牛（Bison bison）、大角羊（bighorn sheep）、野鹿、麋鹿，还有羚羊等。理所当然地，矛尖的尺寸彻底走向了小型化的道路。

　　我们再来看几个关键性的武器革新技术。大约在 7 600 年前，人们在投掷矛上装上了羽毛，武器的速度、精度都出现了革命性的进步。但这些进步只有跟更细、更轻的矛柄和更小的矛尖相互配合，才能充分发挥作用。时间到了 1 300~2 000 年前，弓箭替代了投掷矛，对柄和尖的尺寸要求就更低了。猎人们完全可以不用投射器发射梭镖，而是用弓把箭射得更远、更快，打猎的成功率也大为提升，而且不管遇到什么样的新猎物都不在话下了。比起克洛维斯矛尖这个前身来，弓箭的箭头小多了，可以利用现成的材料快速生产。况且与矛相比，无论是弓还是箭，运输的便捷性都不可同日而语。

　　在石器时代的人类身上，武器的平衡法则再次得到验证，不是更大，而是适度。这个法则几乎对所有的掠食类动物都适用，从而使得它们的武器系统几乎千篇一律地向短小精悍的方向进化。不过，凡事皆有例外，在特定的场景下，平衡法则的镣铐被打开了，在某些物种里，大型杀器开始露出了狰狞的面目。

钩钳与巨颚

03

ANIMAL WEAPONS
The Evolution of Battle

1992 年秋天，我与朋友克里斯再次结伴远足，为期 10 天，目的地南美。鉴于马丘比丘（Machu Pic-chu）① 是到不了了，所以我们最终选定了厄瓜多尔这块美丽的国土。3 年前我去过那里一次，主要是为了找寻独角仙。这次我们的计划是先登山。雄伟的通古拉瓦火山② 海拔超过 5 486 米，从山顶向下俯瞰的景色蔚为壮观。接下来我们打算在雨林中的湖泊旁小憩几日。于是，伴随着晒伤和疼痛，我们挤在一辆巴士上一路颠簸地到了边境城市科卡，找到了我们的两位导游，克莱福和赛福，他们将带领我们进行水上旅行。由于还有东西要临时采购，我们就把背包藏在摩托艇里，往一辆敞篷小货车的后厢里一跳，先去取补给了。

克里斯不会讲西班牙语，我也只能勉强凑合。而克莱福和赛福也不

---

① 马丘比丘，是一座印加帝国的古城，目前位于秘鲁境内，被称为印加帝国的 "失落之城"。——译者注

② 通古拉瓦火山，位于安第斯山脉中，是厄瓜多尔活火山活动最频繁的火山之一。——译者注

会说英语。这倒也没什么，就是小货车开着开着突然在路边停了下来，两位导游捡起了一头在柏油碎石路上被撞死的野猪。他们砍下一条后腿，用塑料薄膜包好，又将其轻轻放在了货车的后厢里，紧挨着冷藏箱和食物箱。我跟克里斯面面相觑。这是要干什么？我透过驾驶室的后窗，用结结巴巴的西班牙语问他俩，结果只听到一个词"Cena"。这个我听得懂，肯定是"晚餐"的意思。难道？我赶紧继续追问，可是我从一大堆话中能辨别出来的词还是只有一个"Cena"。

8个小时以后，我们的摩托艇在纳波河（Napo River）里顺流而下120公里，又顺着 Pañacocha 河的一条支流逆行了20公里左右，终于滑行到了我们的露营地。周围再没人烟了，帐篷搭在一个用树枝编织的平台上，还有一张桌子、一套炊具，很有一种质朴的感觉。突然，我们又开始惴惴不安起来，因为那根野猪腿已经开始散发难闻的气味了，而两位导游居然把它拿了出来放在旁边，还开始组装炊具！只见克莱福刷去猪腿上密密麻麻的苍蝇，扯下猪皮，切开猪肉，弄成一块一块方糖大小的肉粒，摆在一个大浅盘子上，然后直接递给了我们！接着他从口袋中掏出一个线轴，理出几条渔线，一边递给我们渔钩，一边指向水面。谢天谢地！这只野猪的确是为晚餐准备的，只不过和我们想得都不一样！

钓食人鱼太容易了，容易得我都觉得天理难容。我们在渔钩上串一块肉，刚扔进水里，呦！鱼上钩了！赶紧收线、抓鱼。一次次抛下渔钩，每次都必有斩获。很快，我们就有两打鱼片裹着黄油在火上煨了。食人鱼是美食中的极品，而那段日子里我们夜夜都像国王一样享受着大餐。我们还在湖里游泳来着，感觉特别刺激爽快！特别是想到周围都是专吃生肉的食人鱼！值得注意的是，入水一定要从船上直接跳入深水，而不是从岸边慢慢进入。

　　食人鱼的牙齿说明，捕食者使用的武器未必一定要小。它们的下颌上长着巨大的、三角形的刀刃，从嘴部伸出，形成了一种很夸张的反颌现象：下颌前突，就算是闭上嘴巴，下颌和下门齿还是超出了上颌。这就造成了食人鱼的进食方式非常独特，除了将猎物囫囵吞下外，它们还擅长化整为零，咬一口、撕一块肉，再咬一口、再撕一块肉。每口都很小，但意义重大，这意味着食人鱼不一定要长得比它的猎物大，它们既可以大口吃小鱼，也可以小口吃大鱼，大鱼身上的鱼鳞、鱼鳍等都能吃。总而言之，只要捕食有道，就可以嘴巴满满，大快朵颐。

　　要想从大型动物身上分一杯羹，需要的是短距离冲刺，而不是在开阔水域里长途奔袭。食人鱼也是食腐动物，据说它们可以把人的尸体啃成骷髅。不管是啃咬，还是冲刺，的确需要一个别致的下颌。自然选择并不苛求它们抓捕猎物的速度，而是青睐于更厚的下颚和不断变长的牙齿。梭子鱼同样长着一口引人注目的利齿，背后的原因也如出一辙。

　　守株待兔型的，或者说埋伏型的捕猎者，又将武器的进化向终极方向更加推动了一步。剑齿虎会埋伏在树枝上，以迅雷不及掩耳之势一跃而下，在猎物还没反应过来之前就用利爪干净利落地解决战斗。和食人鱼一样，埋伏型的捕猎者用不着在猎物背后穷追不舍。实际上，它们中的大多数都不擅长奔跑和游泳，而只是像暗处的猎人一样，静静地潜伏在那里，等着猎物靠近。一旦有某个倒霉蛋进入攻击范围，它们就突然现身，要么大嘴一咬，要么奋力一踢，猎物往往在浑然不知的时候就应声而倒，很少有能全身而退的。

在漆黑一片的深海环境里，埋伏型捕食者的常见装备是诱饵：一小团吊着的像浮标一样的灯光。看到灯光，猎物就会径直游过来，捕食者抓住它们轻而易举，根本没必要拼命游动，也没必要费大力气生拉硬拽，有个超大的下巴就够了。有很多长着一张大嘴和满口尖牙的大嘴战士，比如蝰鱼（viperfish）、食人魔鱼（ogrefish）、尖牙鱼（fangtooth）和驼背琵琶鱼（humpback anglerfish）[①]等（见图3-1），光看它们的名字就让人毛骨悚然。还有伞嘴吞噬鳗[②]，毫不夸张地说，它的整个身体就是由一张大嘴和一条尾巴组成的。它要打个哈欠，嘴巴就和身体一样宽。而一旦这张血盆大口全然张开，它就像是一个巨大的气球，能吞下比自己还大的猎物。

尖牙鱼

伞嘴吞噬鳗

琵琶鱼

图 3-1　大嘴战士

① 蝰鱼、食人魔鱼、驼背琵琶鱼都是长着发光器的深海鱼类。

② 伞嘴吞噬鳗（Umbrella-mouthed gulper），一种深海鱼类，被它们吞食的猎物就如同被鹈鹕吞进的鱼一样会被放到下颌的袋子里，所以也有人叫它鹈鹕鳗、宽咽鱼。

如图 3-2 所示，螳螂大多长着大号的前腿，上面布满又长又弯的棘刺，这些棘刺正好是它们作为埋伏型捕食动物的拿手武器。此类昆虫习惯于将前肢收在头前，仿佛在祈祷一般，正因为如此，它们才得了个这样的名字①。它们的前肢似乎专为捕食而生，体态修长、肌肉发达、充满弹力，宛如扳紧的撞针。再配合以锯齿，螳螂的武器堪称完美，一旦有猎物误入"刺杀区域"，螳螂就会亮剑出击，一举将其擒获。

图 3-2　螳螂

早期的螳螂在捕猎技巧上其实并不"偏科"，也没有什么特殊之处，它们的模样瘦骨嶙峋，行事鬼鬼祟祟，要么贴地而行，要么顺草而动，只

① 螳螂的英文名称为 praying mantis，本身就带有"祈祷"的含义。——译者注

是前肢稍大一些，有助于更快地抓住途经的蜘蛛或昆虫而已。经过一代又一代的进化，它们越来越向着术业有专攻的方向发展。自然选择不需要它们的运动能力有多强，只需要它们能够在更远的距离上抓住猎物，自然而然，它们的前肢就越变越大了。

在水下，螳螂虾（mantis shrimp）是此类捕食者们的同行。名虽如此，但它们既不是螳螂，也不是虾，却又众采其长：躯干像大虾，具有攻击性的大螯则与螳螂类似。它们属于甲壳纲动物，拇指般大小，躲在岩石上的洞里或海底的珊瑚上，伺机伏击海螺、其他甲壳纲动物和双壳贝类。螳螂虾有个别称叫"粉碎器"，这是由于它们的大螯犹如巨叉，威力巨大，往往能够一击毙命。考虑到水下所受到的阻力，它们实施攻击的速度可谓是螯中至尊。希拉·派达（Sheila Patek）和罗伊·考德威尔（Roy Caldwel），通过研究孔雀螳螂虾的前肢从收缩抱定到弹出竖起的机理，揭示了在那简单的"咔嗒"一声背后有着多么超凡的武艺。如果孔雀螳螂虾骨骼弯曲所蕴含的能量一下子释放出来，那种弹性反冲之势，几乎与一位射手张弓射箭的气势相当。它们的螯足就仿佛是一支箭，离弦瞬间的速度可达每小时 10 公里，按照它们的身长折算，就相当于在千分之二秒的时间内发起了一次攻击。即使放眼整个动物王国，这种攻击速度也不容小觑。

螳螂虾以及手枪虾（pistol shrimp）的肢体拍水速度如此之快，以致可以产生一串爆破性的真空组成的尾波。螳螂虾向前移动，身后形成的空间将溶解在水中的空气挤出形成一个个空气泡，这些空气泡破裂的时候会产生额外的爆破声，效果惊人，弹无虚发，噪音音量高达 220 分贝，瞬时闪光产生的温度几乎与太阳表面相当，高达 4 700℃。当然，这样的闪光都很微小，肉眼不可见，但其冲击力足以将附近的鱼类打昏。快速出击加上空气泡的霹雳弹效果，可以将猎物的外骨骼或外壳瞬间击碎。

还有其他一些捕猎者也携带有此类终极武器，在捕猎中先是蹑手蹑脚地靠近，再出其不意地打击猎物。它们是潜行猎人，与埋伏型的捕猎者类似，主要手段是快速、致命的近距离攻击，并不以快速追逐或灵活机动见长。口裂很深是许多这种鱼类的特点。例如鳄雀鳝（alligator gar，见图3-3），它们修长的上下颚上锐齿密布，这使得它们能以横向的方式迅猛地钳住猎物。鉴于同样的原因，凯门鳄（caimans）、鳄鱼等都采取了同样的捕食策略。

图3-3　以长颈横扫的方式捕获猎物的鳄雀鳝

所有这些捕食者，无论是守株待兔，还是潜行追踪，它们的制胜法宝都是快速出击制敌。整个身体的移动速度不是不重要，但不是决定生死的关键因素。反而，身体上附器 ① 的速度才是决胜关键：平日里妥当收藏，战时闪电制胜。以这种策略来说，附器一般是越大越好：扣钩或上下颚越长，就能更远地伸出体外；附器越大，就能容纳更强大、更厚实的骨骼，也就能容下更多、更有力的肌肉，反弹力量就更强；附器末端离铰接处越远，末端上的钩针或螯爪运动就越敏捷；附器越长，捕食者就能越快地在空中或水下运动。

我们可以用杠杆原理来解释上述现象，想想跷跷板就明白了。如果支点在跷跷板中间，那么跷跷板的两端一上一下的运动距离是一样的，速度也一样（相同时间内运动的距离相同）。如果我们把支点向某一端移动靠近一些，就会产生两个后果：一是两端运动的距离不同，距离支点较远的那一端运动幅度更大些；二是两端运动的速度不同，假设跷跷板本身没有产生任何变形，两端运动的时间相同，而远端运动的距离更长，那么远端运动的速度就更大。以此类推，想象一个处于附器末端的物体，例如一颗牙齿，它离杠杆的支点越远，咬合速度就会越快。

杠杆原理同样可以解释食肉动物之中上下颌的不同形态。猫科动物和鬣狗都是牺牲咬合速度而提升咬合力量的代表，它们的面部都很短小，犬齿更靠近颌关节。这里可以回想一下胡桃夹子或镊子：一个物体越是靠近绞合处，钳夹的力量就会越强。狼正好相反，它们的上下颌明显比鬣狗或猫科动物要长。由于它们的犬齿分布在距离颌关节较远的位置，咬合的力量是小了，但速度却提升了。

这样的机理在埋伏型和潜行型的捕食者身上表现出来，是一种追求

---

① 附器是指尾、肢、鳍、翼、触角等身体部位。——译者注

极致的趋势。由于它们所处的生态环境特殊，自然选择原本趋向于限制大型武器的进化，在它们身上则反了过来，选择的方向是在某一方面要做得淋漓尽致。

那些高度社会化的昆虫，以蚂蚁和白蚁为代表，则不用纠结于如何平衡武器尺寸和机动灵活性这样的问题。它们采用的是另一种方式：社会化分工。这些昆虫的居所往往都很庞大，几百万居民居住在一起，通过分工协作实现了很高的整体效率。前文中我们看到，食肉动物是不同形状的牙齿分工各不相同，而对蚁群来说，它们是不同形态的个体各司其职。

不同功能的牙齿沿着不同的路线演进：犬齿与前臼齿不同，前臼齿又与臼齿不同。如果把这种现象称为"进化的解耦能力"的话，那么这种能力同样也成全了兵蚁和工蚁各自专心致志地进化。兵蚁不需要关注行军、飞翔、蚁巢维护等任务，它们只需战斗，所以只需进化出大型武器。如果说这样对兵蚁个体有什么负面影响的话，也统统可以忽略不计（见图3-4）。

举例来说，大头蚁（pheidole）是蚂蚁种群中的一种，群体内就存在着好几种所谓的"种姓制度"，每个个体都扮演着自己的角色，包括有繁殖能力的雄蚁和蚁后（分散在大型、混居、杂交的蚁群中）、小个子工蚁、大个子工蚁和兵蚁。兵蚁已经进化出了硕大的头部、上颚和牙齿，是专门的战斗机器。

我们再来看看陷阱颚蚁（trap-jaw ant）群体中的兵蚁，它们长着又长又弯的下颚和满口利齿，而且跟螳螂虾一样，都具有"先收起再释放"的攻击机制。这种蚂蚁上下颚闭合的速度高达每小时 230 公里，也就相当于在不到千分之一秒的时间内完成闭合这个动作。太快了，特别是如果头部着地的话，它们可以借助这个动作将自己反弹到空中，高度可达身长的 20 倍。关键时刻，这就是脚底抹油、溜之大吉的奇招。

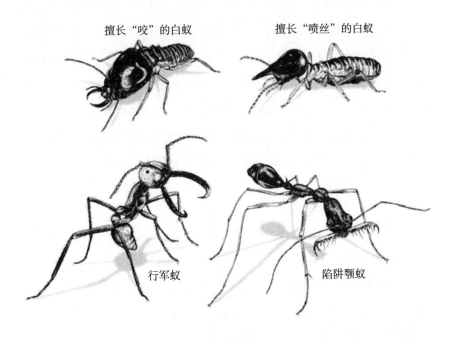

擅长"咬"的白蚁　　　　擅长"喷丝"的白蚁

行军蚁　　　　陷阱颚蚁

图 3-4　四种兵蚁

　　行军蚁中的兵蚁照例也是肥头巨颚。这些令人生畏的武士们一旦联起手来，可以掀翻蝎子、蜥蜴，甚至是鸟。某些情况下，这种身体构造对人类而言还是有用的，至少有那么几位热带生物学家可证明这点。当我还是个学生的时候，由于参加一个生物课程，我曾在伯利兹待过 3 周。那时候，为了学习野外作业的经验，我在泥泞潮湿的雨林里搭了个帐篷住下，腰上挂了一把弯刀，外面仅马马虎虎套了一个塑料刀鞘。一天下午我想去游泳，脱衣服的时候把这把弯刀留在了裤子上。当时我一定是在聊天或心不在焉地在做事情，丝毫没有注意到刀刃从我的大拇指划过，造成了很深的切口。

　　去医院太困难了，距离有人的地方也太远了。所以我们就自行用朗姆酒消毒，并用蚂蚁缝合了伤口。没错，先是我们当中有一个人小心翼翼地把蚂蚁放在我的切口上，旁边还有一个人扶住伤口以确保切口闭合。这些兵蚁愤怒异常、张牙舞爪，可一旦把它们的巨颚抵住切口附近的皮肤，它们立刻就乖乖地大嘴紧闭了。把这些蚂蚁身体的其他部位摘掉，只留下头部，就出现了一条你打死也想不到的完美缝合线！嗯，一排 5~6 只蚂蚁效果最好，反正我早已见惯不怪了。

　　白蚁种群中此类专业化的分工更是司空见惯，只不过兵蚁的主要任务是防御，而不是进攻。楹白蚁（incisitermes）的兵蚁长着肥硕的脑袋，里面塞满了肌肉，当然还有巨颚。象白蚁（nasutitermes）的兵蚁则采取了完全不同的作战方式，它们会向入侵者喷射黏丝，这种黏丝可以缠住入侵蚂蚁的腿，使其动弹不得。它们没有眼睛、没有嘴巴，整个头部就是一个巨大的、象鼻似的喷嘴，看上去就像一把移动式的喷枪。

　　该说说人类了。在人类的军事力量里面，自古以来就存在着各种分工，人们也一直尝试在机动性和杀伤力之间寻找平衡。轻步兵远比重炮兵更灵活，大型武器则笨重、难以调遣。人类为了克服这些局限性想了很多办法，一开始是试着将弹射装置和大炮架在车上，很久以后，又设法利用铁路等有轨交通展开运输等，但始终没有彻底解决这个问题。而更多时候采用的权宜之计是将步兵和炮兵的装备设计成两部分，分别专注于速度和火力，从而达到各个击破的目的。

在第一次世界大战和第二次世界大战期间，海军遇到了同样的问题，而解决的思路也差不多。战列舰越来越大，装载了更多、更大的武器，火力增强的同时，速度和机动性也下降了。所以，单靠战列舰不够，还要有小型、灵活的舰船支持，于是就出现了巡洋舰和驱逐舰，依靠它们来承担掩护和侦察任务。

至此我们可以看到，在动物世界里终极武器往往只适用于那些特定的、为数不多的环境，例如伏击战或巢内的社会化分工。但是，还有一个出人意料的因素会把武器的尺寸往夸张的方向指引，而且行之有效，这个因素就是竞争。**对动物们来说，最为珍贵的是生存和繁殖的机会，而这种机会究竟会降临在谁头上，要靠大大小小的战斗来决定，其中可以一锤定音的就是那些最为大型的武器。**

军备竞赛是在特定环境下的产物。只有充分理解了构成这些环境的要素，才能够更好地揭示动物王国里的各种巨型武器是从哪里来，有什么用，以及为什么这些武器既是千姿百态，又是屈指可数的。

ANIMAL WEAPONS
The Evolution of Battle

竞争：男争女斗

04

ANIMAL WEAPONS
The Evolution of Battle

美洲水雉（Jacanas，见图 4-1）是一种奇特的鸟类，它们的武器尤为惊艳。黄色的鸟喙，长长的黄色翅距，丰满的垂肉，所有这些都分外显眼，与其苗条的黑色身躯形成了鲜明对比。垂肉虽说只是一块由没有羽毛的皮肤皱叠在一起形成的团块，但看起来仿佛是有人把几块咀嚼过的樱桃红泡泡糖压扁粘在了水雉的前额上。我正在观察的这只雌性水雉，肋下翼弯处的两个翅距特别大，两条纤细的长腿把它前行的姿态衬托得异常细腻：每一步的步长都超过 10 厘米，步态婀娜，让人禁不住想起嘉年华中的踩高跷表演。

我们姑且以"红 - 蓝 - 白 - 右"来称呼这只雌性水雉吧，这个名字来源于它右腿上系着的彩色圆环。它正在围着自己的领地绕行，一一检视它与 4 个配偶的巢穴。我们难以接近它的领地，只能远远地从一艘独木舟上观望。与其说是"领地"，还不如说是在宽阔的热带河流上常见的浮动植毡。巴拿马人管水雉叫"耶稣鸟"，因为它们可以有如神迹般在水面上凌波而行。这话倒也没错，它们专寻有水浮莲、水葫芦等的地方涉水，纤细的脚趾分散了体重，使得这些地方就仿佛是踮脚踏过的一个个浮垫，虽说有些上下摇动，但水雉们却如履平地。大多数水雉的天敌没这个本事，如果想东施效颦，一准儿从薄薄的浮垫上跌落水中。只有鳄鱼和凯门鳄是个例外，它们可以在浮游植物之下潜泳，再从这层垫子之中钻出来，从下面攻击水雉。

图 4-1　美洲水雉

在巴拿马运河的水源地查格雷斯河（Chagres River）[①]上，晨曦拨开了从岸边热带雨林飘过来的雾气。我们正在追踪心仪的鸟类，尽管潮湿难耐，还有一堆螯蝇叮咬脚踝和脚底，我们还是挤在一条小船上，尽量寻找使自己感到舒服一些的姿势。我拿着一副双筒望远镜，胳膊肘撑在滚烫的铝壳船沿上，努力地保持着视野稳定，汗水早已涔涔而下。我的父亲在我身后，正透过一架观测望远镜盯着一只雄性水雉。望远镜虽然架在三脚架上，但还是在左摇右晃。这一切并没有妨碍我们看到这只雄性水雉刚刚在清晨孵化出了 4 只雏鸟。我父亲是一位研究鸟类行为学的生物学家，就在 1987 年的这个早晨，他启动了一个巴拿马水雉行为研究的长期计划。而我那时还是个正在读大学二年级的学生，正踌躇满志、渴望冒险，于是就陪父亲在甘博阿待了一个月。

每天早晨我们都会驱车到河边，找到那艘拴在树上的旧格鲁曼独木舟，装上水、午餐、雨披、笔记板、望远镜之类的用品，然后就开始逆流而上，约莫两公里后再横跨过宽宽的河道到达另一侧。那里有一个大的涡流区，一片浮游植物就像漂浮岛一样静静地待在水面上。我父亲已经给这个区域的大多数领地鸟都戴上了标志环，只要是能在这片难得的植物水榭上凌波微步的鸟儿都处于我们的监测之内。日复一日，鸟类演员们在这个东拼西凑、飘忽不定的舞台上轮番表演，而它们的日常生活就在我们的镜头里一览无余了。

今天早晨，"红-蓝-白-右"又打架了，这已经不是第一次了。一只没有戴过标志环的雌性水雉从邻近的河滨飞过来，藏在那些雄鸟背后的

---

① 查格雷斯河，位于巴拿马中部，上游在甘博阿（Gamboa）被大坝拦成湖泊，以调节巴拿马运河的水量。

水葫芦下面。可我们的领地鸟立刻就发现了，毫不迟疑地逼近向前。两只鸟面对面地打量着对方，接着就是蜷伏、翅距向外，两只都摆好架势，开始慢慢地兜圈子。突然，"红-蓝-白-右"开始进攻，只见它先是一跃升空，然后以脚开道、向下俯冲，一击之后便以翅距连连猛刺入侵者。很快就只见鸟影、不见鸟形了。两只鸟都不断地跳向对方，撕扯在一起，又冲又撞、又戳又刺，双脚在浮垫上上蹿下跳，经常还要再次跃向空中。突然间，战斗戛然而止，入侵者悄然飞走。而此时空气里厚重的战斗气氛还未散去，只听到刺耳的"咔-咔-咔-咔"的声音，原来是我们镜头里的主角"红-蓝-白-右"在宣告自己的胜利。

有几百只像这样没有领地的雌性水雉在沿着河边流浪、觅食。这些鸟没能保住自己的领地，只能不断地试探、挑衅那些领地鸟，试图找到破绽。对流浪者而言，每一次战斗都是"决一死战"，因为如果不能将别人的领地据为己有，它们就没有任何机会繁殖后代，从而也就意味着进化的终结。

雌性水雉才是当之无愧的斗士，跟雄性相比，它们更加强壮，更为好斗，装备的武器也威力更大。水雉的黄色翅距如同匕首一般，可谓名副其实的"两肋插刀"。雌性水雉的体型越大，战斗力就越强，于是它们一定要装备压倒性的、顶级的武器，才能确保自己的领地长治久安、生生不息。

雄性水雉也会为了领地而角斗，不过没有雌性之间的争锋那么激烈。两者也没有什么瓜葛。好男不跟女斗，它们只要偏安一隅，守住足以养育一群雏鸟的立足之地就够了。雌性水雉则君临天下，统治着像马赛克一样由几块领地拼装而成的浮岛。有些雌鸟只能维持一夫一妻制，但那些最强壮、最优秀的雌鸟则拥有 3~4 名配偶。

不经意间，雷声隆隆，温热的雨点随之落下（这种遭遇在巴拿马屡见不鲜）。大雨瓢泼，鸟儿们正襟危坐，我们则赶紧手忙脚乱地用雨披、塑料布将望远镜、笔记本等事物盖好。闪电在金属小船旁边肆虐，我们浑身湿透，提心吊胆地低伏着，盼着暴雨赶紧过去。10 分钟后，雨过天晴，鸟儿和我们总算都挨过来了。独木舟里积了约 8 厘米深的水，晃荡作响，无奈，我们只能把一个牛奶箱翻过来放在船头充当桌子，再把我们的一堆工具放在上面。回望鸟儿，咦，不知什么时候雌鸟又忙不迭地打起来了，这可是它今天早晨第四次打架。而老爸盯着的那只雄鸟在干什么呢？原来它正照看着在植物间蹒跚的雏鸟们，不时从水葫芦旁边的水面上叼起一些蠕动的昆虫喂上两口，正在享天伦之乐呢！

在"红-蓝-白-右"当家的领地中，另一只雄鸟趴在一个隐蔽的巢里正在孵蛋。第三只雄鸟带着一群快成年的子女，最后一只雄鸟则游手好闲地待在窝里，似乎在等待着什么。而作为大当家的雌鸟只要无架可打，就会母仪天下地逡巡在雄鸟之间，时不时卿卿我我一番。看着哪只雄鸟有空了，它就下上一窝蛋后扬长而去。然后几周后再来一次。雄鸟不辞劳苦，需要花上几个月的时间筑巢、孵蛋，并将雏鸟喂养到能够独立生活。作为大当家，雌鸟只需要下蛋的时候照一下面，抚养后代这种小事就不放在心上了。

美洲水雉似乎和本书中的其他动物都格格不入，雌强雄弱。膀大腰圆的是雌鸟，屡战沙场的是雌鸟，大动干戈的是雌鸟，兵强马壮的还是雌鸟。

而其他动物，如苍蝇、甲虫、乳齿象、螃蟹以及麋鹿，其中披坚执锐的哪个不是雄性？我们暂且不提美洲水雉这个异类，先来看看其他动物。很多动物都只在单一性别身上发展各种武器，但几乎都是由雄性来承担这个角色。那么，为什么会这样？为什么总是雄性？

说来话长，这还需要回溯到生命之初：卵子和精子。两性双方都会把自己的基因传给后代，但基因的载体大不相同。卵子富含营养，在保护膜内塞满了蛋白质、碳水化合物和油脂的混合物。精子则跟一包自行蠕动的 DNA 差不了多少。在卵子与精子结合以后，正是雌性提供的卵子中的养分滋养了新生命。数以十亿次的细胞分裂，按照精确秩序展开的细胞间交互作用，依次长成组织、器官、骨骼、附属肢体等，所有这一切都需要大量补给。生成新的细胞和组织需要蛋白质，上万亿次的化学反应更需要营养和能量。所以说，生命代价不菲，卵子功不可没。

在所有的动物种类中，雌性动物的生殖细胞都比雄性的个头大。这种差异意味着实打实的投入，不过我们中大多数人都还没有意识到其中的重要性。在这方面，虽然人类卵子和精子之间的差异并不算突出，但已经能说明问题了。卵子是人体内最大的细胞，直径约 1/5 毫米，肉眼可见，恰好是一个英文句号的大小。精子正好相反，是人体内最小的细胞，10 万个精子才大致抵得上一个卵子的体积。

在很多其他动物身上，这种差异就更加显著了。珍珠鸟（zebra finch）的雌鸟只有手掌般大小，全身只有约 10 厘米长，而鸟蛋的直径却超过了 1 厘米。换句话说，珍珠鸟鸟蛋的重量是其体重的 7.5%。如果换成人，这意味着人的卵子要有 5 公斤重！几维鸟（Kiwi）则到了登峰造极的地步：

褐几维鸟的鸟蛋约是体重的 1/5，换算为人的卵子，就有 13 公斤重，相当于一个直径半米的西瓜！

　　雌雄两种生殖细胞在尺寸上的差异，给动物的生态习性带来了一系列的连锁反应。首先，雌性产生的卵子数量大大低于雄性产生的精子数量。在同样的消耗水平下，每个雄性产生的精子数量是万亿级别的，而众多乐此不疲的雄性个体产生的累积效应就更加惊人了。人类女性一生之中生产的具备生育能力的卵子不过区区 400 个左右，而男性每天都能匆匆赶制出 1 000 万个精子，一生就是 4 万亿个。如果有一个千人团队，精子就比卵子多千万亿个，也就是 1 后面跟着 15 个零！放眼整个人类种群，就变成了 1 后面跟着 24 个零！人类身上的这种现象在动物世界里并不足为奇，背后的真相只有一个：卵子供不应求，竞争势在必行，所有物种无一例外。

　　有风方有浪，事出必有因。富含足量营养的卵子从来不是一蹴而就的，正因如此，卵子弥足珍贵。不同物种之间，雌性两次排卵之间的间隔为几天到几周不等，而雄性则常常是几分钟后就可以满血复活。由此带来的后果就是，雌性往往比雄性需要更长的时间才能从上一次的生育中"恢复"回来。

　　假如繁殖失败，雌性的损失也更大。雌雄双方都需要投入营养、能量和时间来产生生殖细胞，但投入的数量却有天壤之别。雌性的付出更多，更来之不易，一旦半途而废，损失惨重，也要痛苦得多。也正因为如此，雌性往往会在抚养后代上耗费更多心血。

　　说到抚养后代，各种雌性动物的各种行为相映成趣，远不止排卵那么简单。昆虫里的雌螳螂会将受精卵一直保存在自己体内，等到条件成熟才排出体外，这种喂养、呵护后代的方式，事实上与哺乳动物的胎生相仿。母蝎子则会在产仔后将幼蝎子背在背上长达几周之久。屎壳郎更是早早在地下挖好隧道并存好粪球，给它们的后代提前建造一个有吃有住的庇护所。更有甚者，有些物种还会将自己关进地窖长达一整年，充当幼子的贴身护卫，不亲眼看着后代长大誓不罢休。

除了雌雄双方在投入上的不同以外，各种雌性动物身上体现出来的母爱，又进一步拉长了雌性在前后两次生育之间的间隔。筑巢、怀孕、护卵、喂食、保护幼代等种种行为都费时费力。雄性当然也会在抚养后代上投入精力，可是在动物世界里，像水雉和人类这样的例子实在是少之又少。大多数的雄性动物仅仅负责提供精子了事，它们"播种"的频率要远高于雌性。

只要雌性和雄性在生育能力上有差别，竞争就会如约而至。这样一来，两次生育之间的间隔就至关重要了。随便挑选一个动物群体进行观察，数一数两性各有多少满足生育条件的个体数目，你就一定会发现：只要性成熟了，所有的雄性都体检合格、跃跃欲试，而很多雌性却表现得不解风情：在生理上，处在怀孕期和育儿期的雌性就像暂时退役的运动员，不具备生育条件。身怀六甲的母斑马不能怀新的马驹，一心哺乳的母麋鹿也不能忙着再要一胎。只要是锁定在这个阶段的雌性，就不是"繁殖场"的参与者了。在动物群体里，如果只有雄性齐装满员，雌性却阵容不全，那么雌性一定是奇货可居。

达尔文创造了"性选择"（sexual selection）这个词，现在就让我们一起来看看性选择这种无处不在、无人能挡的竞争形式，即同性个体为了争夺异性而展开争斗的过程。理论上讲，竞争是双向的，雌雄双方都可以争风吃醋。但在现实中，除了极个别的像水雉这样的异类物种，大多数情况下都是"男争女不斗"。

再回过头来看水雉。诚然，雌水雉的卵子比雄性的精子大，下两窝蛋之间的时间间隔会有几周，但除此之外，雌水雉就万事大吉了。而雄水雉还需要含辛茹苦地花上 3 个月的时间照顾鸟蛋和雏鸟，所以，它们比雌水雉的"恢复期"要长不少。一般情况下雄性平均为 78 天，雌性平均为 24 天。在水雉群体中，雄鸟之中总是有一半正在忙于鸟蛋或雏鸟的事情，剩下的才会对风流韵事感兴趣。而此时的雌鸟大多数都似干柴烈火，只要拥有领地，又恰巧碰上了合适的对象，它们就能马上下蛋。于是，在水雉群体内，雄鸟就成了稀缺资源，雌鸟之所以好斗，是因为它们要争夺繁殖后代的机会。相比起来，抵御天敌、捕食猎物的外患压力并不大，争夺资源的内忧才迫在眉睫。雌性美洲水雉身上显眼的黄色翅距得以进化到今天这个样子，正是性选择的结果。

如果把双亲在抚养后代上的投入（双亲投入？没错，就是那个如今许多忙碌的父母们都在争论的话题）放在一架天平上进行对比，雄性水雉的投入肯定比雌性水雉多。正是这架天平加剧了雌性之间的竞争。也有其他一些物种，包括某些鸟类，雌雄两性的投入是差不多的，雌性生产生殖细胞的时间固然比雄性长，但双方都在轮流孵蛋、觅食、喂养。这种情况下，天平基本是平的，性选择所起的作用并不突出。不过，像这样平衡的

竞争：男争女斗

物种并不多见。

对绝大多数动物而言，抚育的重担更多地落在了雌性身上。想想看那架天平吧，一侧的秤盘上放着一粒小小的精子；另一侧则放着一个巨大的蛋，然后再加上筑巢的努力、孵蛋的时间、看护的付出、养育的劳苦，有时还要加上教导后代的心血：所有这一切加在一起形成了巨大的差异，天平严重倾斜，进化之路也就明确地指向了雄性竞争。天平倾斜得越厉害，意味着竞争越激烈，武器的重要性也就越来越大。

和美洲水雉相比，非洲象似乎是另一个极端。公象只负责提供精子，什么胚胎发育、子女抚养，统统与它们无关。母象最为劳苦功高，分别需要两年的怀孕期和两年的育犊期。实际上，在这4年的养育周期里，母象的可受孕期只有短短5天。也就是说，一头母象每隔1 460天，才能迎来一个5天的受孕期，连一生时间的1%的一半都不到。在任何时候，一群象中都只有少数几头母象可以生育。公象显然太多了。

公象间的战斗缘此而起，它们争夺母象的武器就是令人生畏的象牙，它们之间的战斗可比美洲水雉之间的撕扯激烈多了（见图4-2）。雌性美洲水雉的生殖周期比雄性快3倍，这也可理解为在同一片浮岛上具备生育能力的雌性数量是雄性的3倍。而公非洲象比母象要快3 000多倍！如果有几十头公象同时追求同一头母象，想来也是丝毫不足为奇。想想看吧，男士们在最拥挤的单身酒吧里胜算也会比这个高。不过，或许还真能找到如此时运不济的地方，但这样的话，我们就得去19世纪美国西部的某个采矿营地里的酒吧，或者去当下南极洲麦克默多科考站里的保龄

球馆 [①]……

图 4-2　战斗中的公象

公象能在 10 公里远的地方接收到母象发情的迹象，这主要是通过一种在土壤中传播的亚音速信号，而且它的对手们也能如此。随之大量烦躁不安的公象就仿佛听到号角一般，进入战斗状态。公象只能在母象短暂的发情期间占有母象，但这种占有需要面对严峻的挑战并确保取得连胜。只有最大最强的公象才能抓住这个千载难逢的机会。研究人员乔伊

---

① 麦克默多站是南极洲最大的科考站，属于美国，其中的保龄球馆以将填充后的企鹅尸体作为保龄球瓶而闻名。曾有人在回忆录 *Big Dead Place* 中揭露，由于那里工作人员的男女比例严重失调，加上生活枯燥，性饥渴现象比较严重。

斯·普尔（Joyce Poole）和她的同事们发现，非洲大象的身体可以活到老长到老，一头公象在 30 岁之前，想都不用想可以参与这种竞争。想获胜，先要打好体量的底子。大多数时候，只有 45 岁以上的公象才能获得交配的权利，而母象一般是在 13 岁以上。通过在肯尼亚安博塞利国家公园（Amboseli National Park）进行的一项长期研究发现，所有 89 头公象中，有 53 头悲催地从未当过父亲，而大多数象崽都只是其中 3 头公象的后代。

观察发现，具备以下特征的公象才能获胜：拥有最长的象牙和要比较弱的对手高出 2 倍以上。事实上，本着"赢者通吃"的原则，确实只有最壮实、最高大、最威武的公象才有资格传宗接代。

今日现存的大象有两类，分别是非洲象和亚洲象。但在很久以前，在非洲、欧洲、亚洲和美洲的广袤大地上，无论是草原还是平原，还有很多其他种类的大象昂首阔步的身影（见图 4-3）。其中有记载的有 170 多种，而且几乎全都装备着令人瞠目结舌的武器。

哥伦比亚猛犸象就是其中一种，它的獠牙长达 5 米，重量超 90 公斤。互棱齿象（anancus）是它的表亲，体型稍小，身高只有 3 米，但獠牙却有 4 米长，真是"武装到牙齿"。非洲象也曾有风光一时的时候。只不过近几十年来，由于非法偷猎和象牙贸易现象猖獗，象牙的尺寸已经显著变小了，甚至连长着完整象牙的公象也不多见了。不过，我们还是从博物馆中可以看到，古时的非洲象长着 2 米多长的象牙，重量则达到了近 50 公斤。雄性竞争的激烈性和性选择的严酷性，从中都可见一斑。

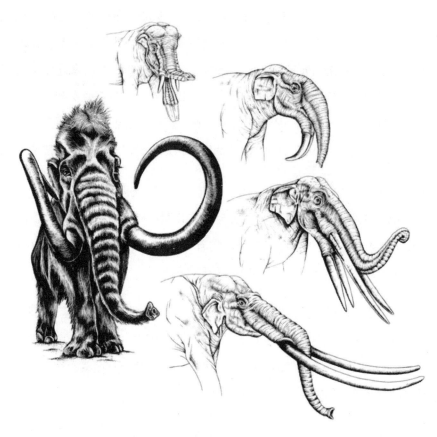

图 4-3　非洲象的各个亲戚

　　当然，在人类社会中同样存在一堆"过剩"的年轻男性，他们毛糙、冲动，争先恐后地设法博取女性的注意（怪不得处在青春期的男子在汽车保险上的花费远超女性，原来如此）。这个现象在11~12世纪的欧洲骑士身上表现得尤为突出，由于育龄女性受到了严密的监管和约束，年轻骑士们个个蠢蠢欲动，频频爆发冲突。

竞争：男争女斗

在当时的历史时期内，整个欧洲社会都是围绕着当地的权势贵族运转的，土地、权利都掌握在他们手里，大量的佃农和劳动力又都依附在这些权贵身上。为了防止家族财富外流，所有的土地和金钱都全部传给长子。这些权贵家族往往规模很大，每家大约会有 6~7 个儿子。除此以外其他任何形式的财产分配方式，都被认为对家族不利。

那时的婚姻则完全沦为财富和权力整合的工具。同贵族阶层以外的联姻被认为是大逆不道。而在阶层内部，家族首领包办了婚姻。长子在娶妻生子、自立门户之前，一般都要等待多年，直到他们的父辈老态龙钟、愿意让出权利为止。但他们也有着一定的选择权，因为他们手握家族财富的继承权，在任何场合都是强有力的求婚者。

而其他很多贵族公子的婚姻前景就黯淡得多了。没有继承权，就意味着没有那么大的吸引力。一个父亲如果允许自己的女儿嫁给这样一个人，是很有可能需要分割出一部分财产的。但事实是，贵族圈子里并没有这么多育龄女子！其实这也在情理之中，那个时代妇女在生孩子时的死亡率是很高的，最终结果就是家族首领本人往往要连续结 3~4 次婚。如果某位父亲有女当嫁，第一选择一定是家族首领，其次是家族长子。那些长子们为什么要等那么久才能结婚，原因就在此。而另一个原因则是防止有新的继承人过早出现，从而威胁到现有的家族首领。在经过这两个层次的"搭配"后，剩下的"单身女子"就很少啦。

实际上，对于那些次子们来说，真正切实的选择是迎娶一位女继承人，也就是即将继承部分家族财产的女士。由于当时中世纪的生活环境恶劣，时不时就会出现某个家族没有男性继承人的情况，这样一来某个女儿也就有权利继承财富了。如果这个女儿愿意的话，她可以选择嫁给一位名下没有财产的男子，就相当于帮助他新建一个家族。当然，天上是不会掉馅饼的，这样的女继承人就跟处于发情期的母象一样，实属凤毛麟角，如果真有的话，争相邀宠的人必将络绎不绝。

从 7 岁起，贵族公子们一旦签约成为某个骑士的下属，就可以开始作战训练了。他们必须夜以继日地训练，并追随导师出入于各种战斗之中，以尽快学会身披铠甲、御马奔跑的技能。到了 14 岁，他们就有资格获得骑士称号了。从此，他们就可以结队而出、纵马驰骋，尽一切可能展示其英勇气概。这么做的主要目的就是求婚。只要击败对手，就能获得贵族女士的青睐。可惜的是大多数骑士都未能如愿，那些少数的幸运儿也往往是在征战了 30~40 年后，才成为同类人中的翘楚的。

真刀真枪的战斗当然是英雄气概的最佳试金石，可这似乎可遇而不可求。原因很简单，根本没那么多仗可打！于是骑士们只得把精力移向了比武大会，这倒是一个在女性面前全面展示力量和勇气的好机会。男人间的争强斗胜充满了仪式感，这场景怎么看都是掉进了性选择的坑里：两位骑士骑在马上，手持长矛，从两侧相向对冲，借助高速的冲击击碎木质盾牌，并顺势将对手击倒在地。

骑士们需要盛装打扮，在盔甲上装饰以羽毛和流苏，在盾牌和胸甲上展露其家族的标识，即盾徽。顺便说一句，这个标识其实就是骑士血统的说明，与孔雀的七彩尾翎作用一样。有专门的裁判和书吏负责精心记录每场比赛的胜负，并将全国各地比武大会的结果汇总起来，最终形成一个骑士排行榜。而那些贵族女士们会仔细研究这个排行榜，并全程参与比武

大会。比赛前负责检阅各位选手，比赛时坐在前排座位上观战，比赛后还
要为获胜者颁奖。偶尔，一位在比武大赛中脱颖而出的骑士，还真的会赢
得某位女继承人的欢心。

与大多数自然选择的形式不同，性选择就像量身定制的催化剂，使
得某些特定的性状只能向孤注一掷的方向发展。**首先，性选择更加势不可
挡**。在一个群体中，只要出现了一小撮雄性占有大多数雌性的情形，传宗
接代的天平就必然向这一小撮倾斜，后果就是少数胜利者子孙满堂，大多
数失败者茕茕孑立。正所谓"重赏之下必有勇夫"，巨无霸型武器的出现
乃是顺天应时。

**其次，比起自然选择来，性选择的作用更加持之以恒，体现了开弓
没有回头箭的特点**。当黑色的鼠群迁移到近海地区的时候，毛色与周围环
境不协调的老鼠们很快就成了众矢之的，自然选择必然促使其毛色由深转
浅。如果我们在黑色老鼠迁入之后马上就对鼠群进行持续采样，就会发现
毛色在越变越浅，自然选择立竿见影。

不过，这种急剧变化来得快、去得也快。鼠群的毛色转淡后，不协
调的情况和进化的动力也就随之消失了。再淡一分则嫌白，再深一分则嫌
黑。进化停滞，自然选择就进入了一个新的动态平衡阶段。

大多数情况下，自然选择都在按照这样的既定模式运转着。动物种
群不断适应环境，直至在局部获得最优性状。环境一旦变化，又一轮的
选择就会再次启动，新的适应环境的性状就会出现，例如新的尺寸、颜色

等，然后又将趋于稳定。海洋里的三刺鱼，千百万年来一直都武装着 3 根长棘和 52 块骨板，环境一变成淡水，自然选择就驱动着使 3 根长棘变成 1 根，52 块骨板变成 14 块。可是然后呢？只要出现了最适宜的性状，三刺鱼就找不到什么理由来继续改良武器了。

自然选择确实有明确的指向性，但它就像是潮起潮落，整体上仍是趋向稳定的。 外界环境的变化总是上下波动的，冬去夏来，终归还要热去寒回；久旱甘雨，摆脱不了旱涝交替；冰川进退，海水升降，顾自循环不息。与此对应的，动物群体的进化也是震荡式的。鼠群的皮毛颜色从深变淡，再由淡变深，如此反反复复。很多动物都是这样，虽然被自然选择驱动着不断调整，但从长期来看这些调整的效果是前后抵消的。性选择则截然不同。事关繁衍大业，雄性们当然会竭尽全力。在这种情形下，"外界环境"更多地是指"社会环境"，也即同类中那些争夺配偶的对手们，而非温度、海平面或者其他因素。社会环境与武器进化息息相关。不管是鹿角还是什么动物的角，尺寸越大，竞争水平就越高。如果我们想象有一把滑尺在调整武器尺寸，那么滑尺越往大的方向调整，整个群体争夺配偶的竞争基线就会越往高抬升，相应的性选择也就会越激烈。

接下来我们再来看看独角仙吧。雄性独角仙的角长度平均为 1.3 厘米（见图 4-4）。在某些环境下，个别独角仙不甘平庸，角的长度突变到了 2 厘米。这些独角仙在争斗中成了常胜将军，于是它们就能跟最多的雌性独角仙交配。自然而然地，在下一代中来自它们的子嗣也就最多，其中当然包括那些雄性的、也长着 2 厘米长的角的后代。用不了多少代，我们就可以发现，整个群体鸟枪换炮，角的平均长度均变成了 2 厘米。性选择大功初成。

图 4-4 独角仙的角

　　既然大家的角都有 2 厘米长，那也就没有什么稀奇的了。雄性之间
的竞争就会进入一个新的阶段，在这个新的社会环境里，突变意味着出现
了 2.5 厘米长的角。凡是携有此种新基因的个体开始出人头地，连战皆捷。
于是新基因横扫整个种群，2 厘米长的角逐渐淡出，2.5 厘米的角又成了
种群标配。性选择创造了新常态，而这时独角仙们已经摆开架势，准备好
迎接下一次的基因突变和武器升级了。

　　社会环境的演进与武器尺寸的增加相辅相成，正因为如此，性选择也愈战愈勇，整个种群似乎踏上了一条不归路。震荡式的进化不复存在。看看现在的独角仙，再往后看 10 年，甚至是数千年，我们一定会发现：永远都是角大者胜（见图 4-5）。到底需要多长的角并没有定数，1.3 厘米会让位于 2 厘米，2 厘米又让位于 2.5 厘米，如此进化不止，但趋势是确定的。也正因为如此，性选择的威力一定大于震荡式的其他方式。

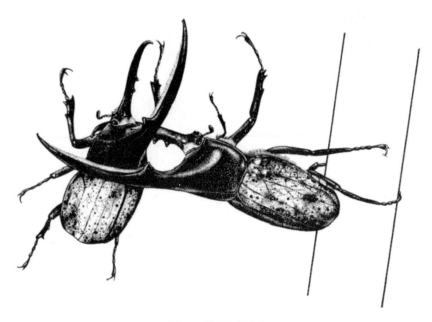

图 4-5　战斗中的甲虫

　　在动物的装备里，大凡重器，往往都拜这种形式的竞争所赐。何为成功？从进化的角度来看，一半是生存，一半是繁衍。当然，繁衍这一半更为关键。为什么要活着？不就是为了有机会交配、繁殖嘛。某种动物在进化之路上是成功还是失败，最终还是要看后代的多与寡。

显而易见，成功繁殖后代最多的个体就是最成功的个体，它们贡献的基因副本最多，对后代的影响也最大。它们的基因可以借此得以存留，而其他个体的基因则会逐渐消亡。

只要同一性别的个体之间存在这种所谓"繁殖成功率"的差异，性选择就能发挥作用。例如，有的雄性有 3 个子女，有的则有 4 个，那么有 4 个子女的个体胜率就会大一些。但在这个例子里，由于条件相近，胜率的差异并不大。而差异性越大，性选择就越强烈。在极端情况下，在某些动物种群内，性选择几乎是唯一的一种选择方式。有什么能与性选择争锋呢？是饮食、生理、对寄生虫的免疫力，还是疾病？

只要能在繁殖竞赛中出人头地，万事皆可抛。

05

经济：物有所值

ANIMAL WEAPONS
The Evolution of Battle

动物武器

ANIMAL WEAPONS The Evolution of Battle

提起"性选择"这个词，似乎总是让人联想到庞大无比的武器。但实际上，性选择对动物性状的影响并非都体现在武器上。有时候，雄性们并不需要守卫什么，而有时候靠打斗并不能换来与异性接触的机会。这种情况下，武器自然派不上什么用场，雄性们于是不再短兵相接，转而利用舞姿、歌喉或是华丽的外表来吸引异性。以南美洲泡蟾（túngara frog）为例，雄蛙们会通过性感迷人、持续不断的鸣叫来宣告自己的存在，而这种鸣叫带来的后果既不省力又不安全。雄蛙明知它们的叫声会招来天敌蝙蝠，可还是夜以继日、乐此不疲，其实这种行为导致自己被蝙蝠吃掉的可能性还是很大的。而雄蛙们显然笃信的是"石榴裙下死，做鬼也风流"，为此宁愿付出生命的代价。

天堂鸟（birds of paradise）是另一个例子。公鸟们长着长长的、多彩的尾羽，摆出为悦己者容的身段，很是惊艳动人。这同样是自掘坟墓的美丽，长裙拖地固然优雅，却也使它们的身姿不再轻盈；光彩夺目固然可以博取眼球，但也会使自己完完全全暴露在天敌面前。尽管风险巨大，它们还是不顾一切搔首弄姿、高声尖叫，一心要做生物界耀眼的霓虹灯。只要能将情敌们比下去，它们可以不惜代价、倾其所有。究其原因，还是由于能否获得繁殖机会才是生物界的普世价值，只有被雌鸟看上，才能使自身的基因传世，否则就会堕入历史的深渊，全然消失。

上述这种性选择的形式被称为"雌性选择"（female choice），因为雌性在其中占据主动，可以根据自己的意愿对异性的表现指指点点、挑挑拣拣。这种选择的激烈程度并不比雄性之间的打斗差，而且同样永无止境。由于更大、更鲜亮、更华丽等择偶标准都是相对的，雌性选择也使得竞争的社会化环境不断向上演进，表现为每当某一种性状获得了新的提升，相应的择偶标准也就会跟着升级。只不过，这里的性状不是武器，而是饰物。

在某种意义上，雄性间的争霸貌似与性选择的形式应该无关才对。不管是雌性选择还是雄性竞争，其过程及与此相关的竞争烈度、持续度、社会环境等，都应该是一样的。那么，为什么有些物种走上了大张旗鼓的白刃战的道路，并大力发展武器装备，而有些物种却转而歌舞选秀、争奇斗艳？原来，性选择是否能够发动军备竞赛，从而使武器向着终极化的方向发展，受到一些因素的影响。第一个因素是性选择所带来的竞争，第二个因素就是武器带来的经济效益。

这里我们不得不提到甲虫的角。甲虫角是体壁的一部分向外生长形成的坚硬突出物。物种不同，角的形态也各有特点，可以是弯的，也可以是直的，可以很宽，也可以分叉。在很多方面，甲虫角都跟驼鹿角或麋鹿角有着异曲同工之妙，比如，它们都属于一种雄性特征。还有，在个头最大的甲虫身上，角占整个身体的比例也异乎寻常的大。有时甲虫角的重量甚至能占到体重的30%。如果按照这个比例放到人类身上，就相当于在脑袋上插了一对胳膊或者一条腿。

在甲虫的世界里，从诺比真菌甲虫（knobby fungus beetle）、象鼻虫（weevil）到花金龟（flower beetle）、丑角甲虫（harlequin beetle）、独角仙[①]，甲虫角的出现比比皆是。当然还有很值得拿出来一说的蜣螂科动物，其中只有一半长着角，另一半约几百个属种都不长角。那么问题来了，为什么只有一半需要武器呢？我个人非常喜欢的是嗡蜣螂（onthophagus），因为它这一属中恰好两种情况都有，而且嗡蜣螂属中包含约2 000个已经确认和1 000个还有待研究者描述的物种，也许它是所含物种最为丰富的一个属。嗡蜣螂的角极具多样性，即使是联系非常紧密的两个物种，也有可能出现一个长角，另一个不长角的情况。

在非洲，蜣螂科物种的多样性表现得淋漓尽致，在嗡蜣螂属中至少包含了800个已经记录在案的原生物种。想想看，在东非大裂谷里，有数不尽的瞪羚、大羚羊、水牛、长颈鹿、大象在此生息，还有牛羚、斑马大迁徙的队伍途经于此，粪便资源极为丰富。所以，蜣螂的数量极其庞大也就不奇怪了。

我曾经在蒙大拿大学联合执教过一个野外课程，这使得我终于在2002年获得了在坦桑尼亚研究蜣螂的机会，当时光是拿到所有必须的许可证就花了好几周的时间。在那里，有全副武装的警卫站在卡车顶，拿枪指着虎视眈眈的狮子和狂躁的非洲野牛。而我则需要戴着手套，拿着铁

---

① 独角仙（rhinoceros beetle），又称"犀牛甲虫"。——译者注

锹，冲出卡车，飞快地铲开粪堆。就这样，我弄到了以野牛、瞪羚和长颈鹿的排泄物为生的蜣螂。最大的收获还要属一坨堆在路中央的新鲜大象粪便，看上去大象一定刚刚离去，因为这坨粪便还塞在车辙印里冒着热气呢！我马上做了每一个野外生物学家都会做的事情：把大象粪便铲起来放到一个塑料容器中，然后带回了宿营地。一到晚上，我就把粪便堆到帐篷旁的湿地里，跟学生们围成一圈"稳坐钓鱼台"，点亮头灯，静候佳音。

在之前周游世界、寻找甲虫的 20 年时间内，我从没有像那天晚上一样目睹过如此多的昆虫。当第一波蜣螂到来时，我还在试图干些捕捉、计数、装瓶之类的活，但很快就应接不暇了。有 5 个人在旁边帮我，可后来所有的人都跟不上了。蜣螂们像雨水一样无孔不入，钻进头灯里，掉在文件夹上，落在电脑上……太多了！后来，蜣螂甚至挤入我们的头发里、跌在后脖颈上。我在书写的时候，甚至不得不先把上面厚厚的一层虫子拨开。这个诡异的景象就仿佛是有个人举着一个桶，从我们头顶上往粪堆里泼撒甲虫。我们估计（只能粗粗估计啦），仅那天晚上在这一小坨粪便上就集中了超过 10 万只蜣螂。

来到塞伦盖蒂国家公园[①]的游客们往往一涌而上去参观狮子、大象，或是长着曲角的瞪羚，但实际上这些小蜣螂们才装备着最为光彩耀人的武器。就在那天晚上，我们观察到了让所有人啧啧称奇的武器：涡旋状地顶在头上的长长的、分叉的角；从两眼之间长出的独角，向后悬拱在身体之上，角长甚至超出了身长；从胸节处钻出的、圆柱体状的长角，末端弯

---

① 塞伦盖蒂（Serenget）国家公园，位于坦桑尼亚，是非洲最大的野生动物保护区之一。
　　——译者注

起，就像是角上挂了一个挂衣钩。在有些物种里甚至同时出现了一只角、两只角、五只角、七只角等各种形态。

与此同时，也有很多物种对武器毫无兴趣。就算在同样的季节、场所，甚至是同样的粪堆里，仍然是有些物种大肆武装，而有些物种赤手空拳。为什么？为什么有些物种为了装备武器煞费苦心，而有些物种却甘于手无寸铁？我们很快将看到，对于那些向终极武器方向发展的动物来说，其背后的始末缘由都是一样的，这也是我们将要讨论的经济学逻辑。

大自然是一位超级经济学家，谁不合理利用资源，谁就会被毫不留情地剔除出去。 假以时日，整个种群使用资源的效率都会提升，只有某项大型物体（如武器）的收益大于其成本，才值得投资。也就是说，所有动物都喜欢性价比高的东西。不管从哪方面怎么看，无论是生产上和使用上，武器都很昂贵。雄性间的争斗总会带来风险，而花在争斗上的时间、精力原本可以用于觅食或者干点其他休养生息的事情。那为什么还要这样？原因在于，拥有最大号武器的雄性可以确保驱逐对手、独占雌性，它们借此所获得的生育优势实在是太大了。如此权衡一番，只要好处实在，哪怕是贵得离谱的武器也是划算的。

问题是，什么情况下在武器上的收益是大于成本的呢？什么情况下武器的净收益（收益减掉成本）可以最大化？这就取决于制造武器所需的资源种类，以及维护资源的难易程度。

想象一下，假如你是一只食草动物，站在一望无边的大草原上，你的食物源——草，均匀地分布在你的周围。再进一步，如果你是一只雄性，那么，你该在哪儿站岗放哨呢？雌性们肯定要找地方吃草，最好你也恰好在那里，而且它们还愿意跟你云雨一番，那么该在哪儿呢？如果食物源看起来哪里都一样，那么也就没有什么必要对地方挑三拣四了。你再厉害，也预测不出来雌性会到哪里进食。诚然，你还可以继续打造你的武器，守住一块草皮，一有对手出现就把它驱逐出境，可是干嘛要这么大费周章守卫一块与周围地界并无二致的草皮呢？别的雄性没有武器、没有领地过得也挺好，你这么兴师动众有什么意义呢？借用经济学家的辞令，你的所作所为性价比不够高。

相反，如果食物是稀稀疏疏分布的，特别是聚集在为数不多的几块区域的时候，雄性守疆卫土的行为就不一样了。它们制造武器、跟人打架当然要有代价，当然要付出时间和体力，可现在占据一块领地的价值就凸显出来了。由于食物源不多，间隔也很远，但恰好在它们的领地里就有这么一块，雌性们就很可能会经常登门。事实也是如此，只要资源在局部范围内能够自给自足，雄性们驱除情敌就是有意义的，这样占据领地的雄性就可以与尽可能多的雌性交配，一定比那些无力保有自己领地的雄性多。进一步说，如果一个雄性的领地本身比别人的领地更大、更好，资源更多，那么这个幸运者就可以比其他也拥有领地的雄性们占据更多优势，从而占有更多的交配对象。

上述的思想实验揭示了一条动物行为背后的核心信条：**动物们捍卫领地的收益与其领地之内资源的价值和稀缺性成正比。资源越稀缺，通过保护资源而产生的经济价值越高，相应的回报也就越大。**有一件事很耐人寻味：一种特定的资源是否有价值，是否足够集中，是否值得去捍卫，完全取决于每一种动物自己的视角。一种资源为何被某种动物视若珍宝,而被另一种动物视如草芥?若能了解其背后的缘由,动物武器之谜就迎刃而解了。

让我来说的话,我认为丑角甲虫(见图 5-1)是世界上最笨拙的动物。"丑角甲虫"这个名字来自它们翅翼上和身上由橙色、褐色和黑色相间组成的斑斓条纹。但实际上,这种甲虫最与众不同的是长有一对巨大的、像筷子一样的前肢,展开来最长可达 40 厘米①。雄性丑角甲虫在起飞的时候,为了不让两条胳膊挡道,不得不先将胳膊拉回来放在头上,然后整个身体就那么垂直悬在空中,呼呼作响,移动速度也非常缓慢,好累赘呀。这么说吧,你想象一下,如果螃蟹会飞的话,那种形象就跟丑角甲虫一模一样。

丑角甲虫分布在中南美洲的热带雨林中,雨季时非常活跃。戴维·泽(David)和珍妮·泽(Jeanne Zeh)夫妇在法属圭亚那、巴拿马等地进行过调查,发现这种甲虫的一生和一种当地叫作"伊格龙"(higuerón)的无花果树有着千丝万缕的联系。在新热带区②的雨林中,无花果树属于参天巨木,能长到 40 米甚至更高。辨别这种树很容易,只要看到其乳白色的黏稠树液,以及十几条甚至更多旋转缠绕的膨大根部就可以了。

---

① 这也是丑角甲虫又被称为"长臂天牛"的原因。——译者注
② 新热带区:动物地理区名称,由于其在很长的地质时期里是一个孤岛,所以有很多特有的动物种群,堪称世界动物地理区中最具特色的一个。范围包括佛罗里达南部、中美洲、南美洲的大部及附近的热带岛屿。

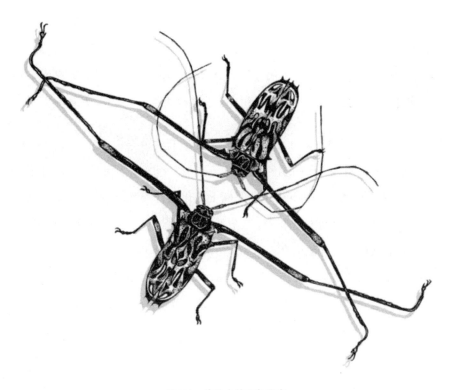

图 5-1　战斗中的丑角甲虫

　　只要一有大树倒伏下来，雌性甲虫就会赶来在树干上产卵，它的幼虫以腐烂的树干为生。问题是，丑角甲虫的幼虫生长周期很长，会有 1 年甚至更长。也就是说，只有最大、最粗的树干才能满足幼虫的生长要求，而只有那些大树才够长、够用。问题是，不是每天都会有无花果树倒下。

　　当真有一棵大树轰然倒下的时候，甲虫们就会蜂拥而至。树干从根部断开、倒向地上的时候，木质和树皮都会被剧烈地撕扯开来，从中冒出的树液具有强烈的刺激性气味，就是这种气味吸引了甲虫从几公里外的地方忙不迭地赶来。这样一棵大树倾倒时，会在雨林的树冠区撕开一个口子，让阳光长驱直入。甲虫们会特意避开阳光直射的区域，转而挤到树干庇荫的那一面。由于仍有树枝支撑，所以倒伏下来的树干大部分处于离地面几米高的地方。树液从树皮上的斜切口中汩汩而出，丑角甲虫也就不愁吃了。更重要的是，雌甲虫会将卵产在树皮上的裂缝之中。

此刻，雄甲虫们就开始了对这些珍贵地盘的争夺。一般来说，一棵树上只有一到两处合适的地盘，要再找到类似的地方就要到几公里以外了。在雄甲虫的眼里，从倒下的无花果树上流出的汁液弥足珍贵，值得为此拼命。而且，这个地方也是一个开战的极佳场所。占据这个倒置的根据地就意味着获得了交配的机会，这个理由足以让雄甲虫们充满敌意、大打出手。它们以头部撞击，以长臂格斗，试图勾住对手并将其打翻在地。它们靠后肢撑起身体并抬头猛撞，夸张的前肢则像竞技比赛一样，要么推推搡搡，要么纠缠在一起，同时还伺机以尖利的上颚切开对方扑腾不止的肢体和触须。大约半个小时的混战后，失败者往往已经被扯掉了一大截肢体或触须，遍体鳞伤，最终掉落在地上。

为了解释为什么雄甲虫需要这么长的前肢，戴维和珍妮夫妇需要识别出谁是胜利者，以及胜利者是否获得了交配的机会。他们遇到的麻烦是，大多数此类战斗和交配都是在晚上进行的，为了就近观察，他们需要在夜间穿行于雨林之中。

黄昏在雨林中突如其来地降临了，而要是在太阳落山后还没有灯光，那就等着吃苦头吧。即使在正午时分，雨林中的下层植被也是昏暗模糊的；到了晚上，那就只剩下无尽的黑暗，诡异、未知、伸手不见五指，仿佛待在一个岩洞或壁橱中。我知道有人就曾被困在夜间小路上，连个手电筒都没有。更糟的是，他们还只能站着过夜。你不能坐着或躺着，因为到了晚上，地上的落叶层里充满着各式会咬人的活物：子弹蚁（Bullet ants）、蝎子、狼蛛、巨蝮蛇以及枪头蛇。子弹蚁，顾名思义，它们要是咬你一口，那种剧痛就像是被子弹击中一般。而子弹蚁会沿着树干在树冠中觅食，所以你也不能靠在树干上。由于没有任何视觉信号来指示上下方位，人的平衡感也会失去分寸，潜水员尚且可以根据汩汩上升的气泡来定位，而这种情况下根本无法判断人是直立的还是倾斜的。几小时之后，你就会出现幻觉，感到眼前有亮光飞舞，这很可能只是你的感觉，实际上只是发光真菌和在枯枝落叶上穿行的磕头虫偶尔露出的微光。

有了合适的灯光设备，夜间的雨林就变得刺激、狂野起来，声音嘈杂、奇景连连。戴维和珍妮夫妇在日暮时分赶到了倒塌的树木旁边，在他们的头灯上加装了红色滤光片。由于丑角甲虫看不见红光，不会受到头灯的影响，所以他们可以在红色的微光下观察丑角甲虫在这个倒置舞台上的一举一动。通过在甲虫的背上标注数字，每一个甲虫个体的踪迹、经历，乃至雄性间的争斗就都尽在掌握了。他们注意到，胳膊最长的雄甲虫几乎逢战必胜，而且只有胜利者才能与雌甲虫交配。和我们预想的一样，性选择再次青睐了更强的战斗力和更大的武器。简单说吧，合适的产卵地点的稀缺性、此类地点空间上的局限性，再加上其易守难攻的特点，共同决定了这样的生态环境给予胜利者的回报极其丰厚，而且大型武器格外受宠。

最精彩的部分还在后面呢，这里的主角是一种附着在甲虫身上搭便车的更加奇特的动物。戴维和珍妮夫妇注意到，在甲虫的翼翅下方、腹部上面舒舒服服地住着一群微小的节肢动物，名为拟蝎（false scorpions 或 pseudoscorpions，见图 5-2）。这类物种也以倒伏的无花果树为生，它们的幼虫也居住在腐烂的木头里面。与它们的宿主甲虫一样，雄拟蝎也有特殊装备：一对大大的扣钩，又被称为"须肢"（pedipalps），是它们用来与情敌死战、争夺交配机会的武器。从比例上来看，这对武器同样不可小觑，雄性的须肢要长得多，最大的雄性身上的武器也最为极致。不过要是按照绝对尺寸来看，这些动物实在太小了，因此它们打起仗来，情景大为不同。

图 5-2 在丑角甲虫背上战斗的拟蝎

对一只身长 4 厘米的巨型甲虫而言，一棵倒伏在地的无花果树身上的裂口不算什么，它足以为这个裂口提供强有力的保障。而拟蝎最长也只有五六毫米，对付这个裂口就只能是心有余而力不足。也许，一只雄心勃勃的拟蝎可以把对手逼出裂口的一侧，但同时还有 10 只其他对手可以从四面八方乘虚而入呢！这就好比不自量力地站在湖边的一个点上，却要保卫整片湖区一样。同理，对此类战斗而言，发展武器的结果一定是劳民伤财。不过，雌性拟蝎还对别的一些资源有依赖性，守卫住这些资源的"咽喉要道"照样可以达到"一夫当关，万夫莫开"的效果。

倒伏在地的多棵无花果树之间相距甚远，这些小小的拟蝎可没有长翅膀，为了实现长途旅行，它们要依附在丑角甲虫的背上搭车前往。很多拟蝎采取的方式是利用自身的扣钩紧紧抓住某只昆虫的一条腿，然后挂在那里。寄生在丑角甲虫身上的拟蝎则要舒服很多，毕竟甲虫的背部还算宽阔。它们先是夹住甲虫，等着甲虫扭动身子的时候，再看准时机跳到甲虫后背上去。为了能在甲虫飞行过程中不至于掉下来，它们甚至会吐丝，给自己系上一层安全网。

研究表明，雄性拟蝎所保卫的资源主要是甲虫背，一个堪称完美的空中移动交配场所（见图 5-3）。它们所用的武器跟钳子类似，只要出现了拟蝎与甲虫的组合，谁的钳子大谁就会稳操胜券。当然，观察这些战斗的难度也会相应增加，所以戴维和珍妮夫妇采用了 DNA 指纹图谱的方法来鉴定雄性拟蝎与雌性拟蝎所生幼子之间的父子关系。结果证明，武器最大的拟蝎往往也是那些能够占领甲虫背的雄性。每个甲虫背上都在发生着这样的故事，而甲虫个头越大，寄生在其上的雌性拟蝎就越多。等甲虫飞起来，还没等它落地，雄风凛凛的拟蝎就可以逮住机会，和 20 多只甚至更多的雌性云雨一番啦。等到甲虫落地了，交配过的雌拟蝎纷纷离去，就会有又一波雌拟蝎忙不迭地跳上来。

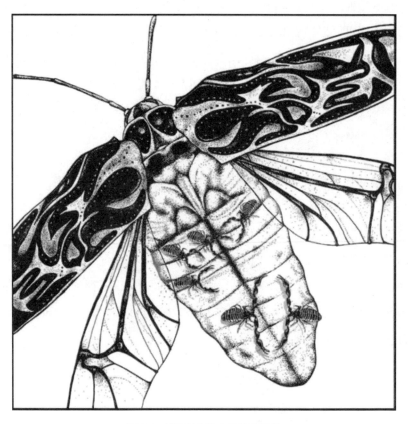

图 5-3　骑在甲虫背上的雌性拟蝎

　　在丑角甲虫和拟蝎的生存环境中，都存在着一些对雌性至关重要的资源，虽然不一样，但都具备稀缺性和集中性，因此从经济价值上讲，这些资源都值得去捍卫。有捍卫能力的雄性就有资格与尽可能多的雌性交配。通俗点说，谁能打赢架，谁就能生娃。同时，两种生态环境混合在一起，又进一步激发了强烈的性选择和大型武器的发展。

现在我们可以回到那个有些蜣螂长角、有些不长角的问题了。为什么食物一样、栖息地一样，它们的身体却有如此大的差别呢？我怀疑，当中的答案与粪堆无关，而与蜣螂们赶到粪堆所在地的时候干了什么有关。蜣螂的世界里充满了竞争。如果你凑巧是一只蜣螂或苍蝇，你一定会把粪便当成非常宝贵的资源。由于富含氮等营养物质，粪便对幼虫来说不啻是美味珍馐，所以那些成年昆虫们都奋不顾身地加入争夺的行列。蜣螂必须尽快找到粪堆，而且要跟那些有此同好、觊觎已久的昆虫们斗智斗勇。

大多数蜣螂都可以分为两种类型："压路机"（roller）和"挖掘机"（tunneler）。似乎人们只要一想起蜣螂，就必然联想起压路机的形象（见图 5-4）。想想看，一支圣甲虫大军源源不断地做着粪球、滚着粪球，一路还跟其他昆虫打斗不已，何其壮观！这些粪球一旦到了密实的土地或者烧硬的黏土上，滚动的速度就可以非常快，一下子可以滚出去几十米远。

滚粪球是一个将食物尽快带离竞争对手的绝佳策略。从粪堆上切下一大块来，塑造成球形，然后一骑绝尘滚滚而去，何其快哉！所有这一切可以在几分钟内完成，通过这种方式，大多数竞争对手就都被抛在身后了。这种活一般都是雄性在干，但雌性也可以参与，要么是紧抓着粪球不放，一路翻着筋斗，要么是紧跟在雄性后面，一路跑到一片足够大的、松软湿润的土地上。等蜣螂两口子都停下来，它们就会齐心协力将粪球埋好。然后，不同种类的雌性蜣螂会选择在不同的位置产卵，不是在粪球的旁边，就是在粪球的顶上。

图 5-4　滚粪球的压路机型蜣螂

　　雌蜣螂不是唯一被吸引来的同类，竞争对手们也会来凑热闹，不断地骚扰粪球的主人，时不时还会爆发激烈冲突。但是这种战斗都是在空旷之地打响的，而战斗争夺的焦点——粪球，还可以自行移动、自我塑型。只见粪球被推来搡去，甚至裂成两半。争斗的双方呢，则一次又一次地扭打在一起，身影一会儿紧贴在粪球上，一会儿又在粪球上一跃而过。在我看来，这种打斗其实非常适合用来找乐子。在巴罗科罗拉多①野外研究站（Barro Colorado Field Research Station），我们就拿了一个标靶，在靶心处堆上粪便，然后在蜣螂的背上标上数字，把它们放到标靶上去。接下来就是观战，打赌哪只蜣螂会获胜。等到有某只蜣螂滚着弹珠大小的粪球率先

___

① 巴罗科罗拉多岛，位于巴拿马，有很多针对热带雨林生物的研究都在此进行。——译者注

闯出标靶的时候，我们还会向胜者敬酒。不过，尽管这些压路机型的蜣螂很好斗，但是其中长角的比例不会超过千分之一。

蜣螂们采取的第二种策略是挖隧道。雌蜣螂一马当先，飞向粪堆，并立刻开挖隧道。只要挖得足够深，从 30 厘米到 1 米不等，它们就会将一条条粪便拖进隧道，并小心翼翼地躲开其他昆虫。仅仅为一颗粪球，雌蜣螂就会来回 40 多次，安排妥当后，再为下一颗粪球继续奔波。雌蜣螂不辞辛苦地连挖带埋，雄蜣螂们则忙着争当隧道的主人。总有一个胜者会把守着隧道入口，阻止那些同物种的竞争对手们靠近雌蜣螂。至于让不让其他物种的昆虫染指隧道中的粪便，倒真的还在其次。雄蜣螂一旦入住，就可以与雌蜣螂多次交配。不过好景不长，它也经常会被体型更大的蜣螂给赶走。在这种挖掘机型的蜣螂当中，头上长角的情形很常见。

隧道狭窄而有限，位置也相对固定，所以正好可以凸显大型武器高性价比的优势。雄蜣螂可以把角插入隧道壁，挡住其他蜣螂的来路，也可以用角将其他蜣螂撬起来挑出洞外。同时，雄蜣螂还可以利用倒刺、牙齿、腿刺等装备将自己卡在隧道里，一旦固定好自己的位置，就能将角的威力充分发挥出来。结果当然是有大角的蜣螂获胜。由于隧道还是交配的主要场所，所以这种隧道之争也是繁殖后代的先决条件。而压路机型的蜣螂就无此手段。它们的争斗主要发生在开阔区域，而且争夺的资源本身也是移动的，不管它们怎样你追我赶、不亦乐乎，都无法固定住自己。在这种情况下，大型武器并没有什么用武之地，自然也就不能说发展武器能带来什么经济效益了。由此可见，蜣螂家族内部只是在隐匿食物的方式上有稍许不同，其武器的发展就走出了截然不同的两条路子。

　　迄今为止，在军备竞赛的三个要素中，我们已经讨论了两个：一是激烈竞争，主要是指雄性之间争夺对雌性的占有权；二是生态环境，主要是指资源是否集中，对武器的投资是否具备经济效益。还有最后一个要素，与战斗本身的方式方法有关，即雄性们怎样与对手交锋。必须是一对一的单挑，而不能是蜂拥而上的群殴。只有两个装备相差并不悬殊的对手面对面地作战，战斗才是"对称"的和"相配"的。也只有这样，谁的武器更大，谁就占据绝对优势。奇怪的是，大多数生物学家都忽视了这一点。要了解其重要性，我们就得好好研究一下军事科学中的"消耗模型"，以及看看一位汽车与航空工程师是怎样看待这个问题的。

06

对决：一决雌雄

ANIMAL WEAPONS
The Evolution of Battle

19世纪末，弗雷德里克·威廉·兰彻斯特（Frederick William Lanchester）已经是一位汽车设计和制造方面的巨匠了。他是世界上最早发明汽油引擎自启动装置的人之一，同时也率先在汽车中加装和集成了化油器。1895年，兰彻斯特造出了第一辆整车，1899年他和他的兄弟两人成立了兰彻斯特引擎公司，主要面向大众制造和销售汽车，是英格兰首批成立此类公司的先驱。几年后该公司由于经营不善倒闭。兰彻斯特又将精力放在了飞机上，提出了多种机翼的升力和阻力模型，其"升力涡轮理论"为现代机翼理论奠定了基础。出于对飞机的痴迷，兰彻斯特坚信战机必定会在战场上大放异彩。在第一次世界大战期间，兰彻斯特开始用数学手段来分析预测战争的结果。在其著作《战机：第四种武器的崛起》（1916）中，他推导出了一系列简洁的方程式来揭示战斗环境与军力损耗之间的关系。这些方程式组合在一起被称为"兰彻斯特法则"，激发了一大批与战斗动态方程有关的研究，包括不计其数的如何运用这些方程的出版物、国际研讨会等。当然，现代的作战损耗模型比起当年的兰彻斯特方程来要复杂得多，但归根结底，兰彻斯特才是当之无愧的奠基人。同时，兰彻斯特方程也催生了一条构建在运筹学之上的产业链，其价值动辄以数十亿美元计。

兰彻斯特方程的要旨在于通过一种简单直接的方式来计算敌我双方的军队被战火消灭的速度。每一支军队的战斗力都可以用兵力和战斗效率来描述，兵力可以用参战的部队数量来表征，战斗效率则可以看作是一方的火力能够给对方造成的损耗，利用这些信息就可以得到双方开火后各自的结果。战斗效率的含义丰富，与具体的军事活动和武器类型有关，但本质上都可以理解为军队中每个作战单位或每个战士的战斗力。

两军对垒以实力说话，而不是简单的"狭路相逢勇者胜"。其中一方的损失等于对方的士兵总数乘以每个士兵的战斗效率，在这里，战斗效率可以看作子弹的数目乘以单发子弹的命中率。更多的士兵就意味着更多的枪支、更多的子弹，也即更强的兵力；而更好的训练水平、更精确的瞄准能力以及威力更大的枪支，都可以提升子弹的命中率，也即更高的战斗效率。兰彻斯特方程的推导大致如下：首先模拟火力齐射的场景，计算出每轮进攻后的损耗，再根据损耗更新双方兵力，然后再模拟一轮。如此反复多次，直到分出输赢。兰彻斯特方程就以这样一种优雅的方式揭示了战斗的持续时间、双方的损耗率以及最终的胜者。通过设置各种不同的条件和排列组合各种场景，兰彻斯特方程都可以如"纸上谈兵"般为每次战斗判定胜负。

兰彻斯特在他的研究过程中发现，在人类战争史上，武器的各种型号、尺寸层出不穷，令人眼花缭乱，但有一个因素对军事作战的法则产生了最为根深蒂固的影响，即枪炮之类的远程武器的出现。在枪炮诞生之前的冷兵器时代，士兵们都是短兵相接、白刃作战，而在之后的热兵器时代，作战方式发生了巨大改变。为了在方程式中体现这种区别，兰彻斯特推导出了两种模型。

第一种模型适用于冷兵器时代的作战。兰彻斯特发现，当使用如矛、狼牙棒、剑等这样的近程武器时，士兵们其实很少有机会对某一位敌手发起集中攻击。白刃战中，群起而攻之确实存在，我们的某一位勇士可以以一当十，但绝无可能同时面对所有敌手。战场上不会有足够的空间让一群士兵同时攻击一个敌人的，如果他们这么做，进攻方手中的武器只能是互相掣肘。实际情况一定是轮番攻击。我们的孤军奋战的勇士真正面对的一定是一对一、车轮战式的考验。

那个时代的军队是列阵迎战的，士兵们排成一长串一个接一个地单挑。在正面迎敌的方向上，士兵们前仆后继，前面的人倒下了，后面的人马上跨前一步补上。前线并没有多余的空间，增援部队往往只能埋伏在侧翼。在 1415 年的阿金库尔战役 ① 中，英国方面有 1 500 名步兵和骑士，个个身披作战盔甲、手持长矛短剑，而他们要面对的是 8 000 名法国士兵。前线士兵们肩并肩、排成排，后援在侧翼也列队以待。法国与英国的兵力对比几乎是 5 : 1，但在实战中，这意味法军能排成 20 排，英军只有 4 排。当战火燃起时，局部战斗仍是以单枪匹马的方式进行的。

---

① 阿金库尔（Agincourt）战役，在法国阿金库尔村庄附近发生的一场战役，英国长弓手在亨利五世的率领下以少胜多击溃法国军队。

　　兰彻斯特意识到，在类似的战争中，士兵的数量和作战效率都会影响到最终的胜负。确切地说，损失等于进攻方士兵的数量乘以每个士兵的作战效率。身处这种面对面的战争中，生死一线之间，每个士兵日常训练的强度、武器的质量及尺寸都成了决定性因素。那些装备最好的战士极有可能成为常胜将军，由他们组成的军队也会消耗得更慢。当然，军队的规模也很重要，数量的优势可以拉长战斗持续的时间，并带来更多兵力上的补充。但必须承认的是，有时候依靠士兵的个人能力也确实可以起到扭转局面、以少胜多的效果。

　　在第一种模型中，决定战斗力损耗的速度是线性的，所以又被称为"线性律"。兰彻斯特又针对现代战争的情况设计了第二种模型。他发现，现代战争中由于长程武器的使用，以往受限于作战空间的羁绊不见了。枪炮可以远程发射，一群士兵可以集中攻击同一个目标。如果一方的士兵多，多出来的部分也用不着待在侧翼伺机而动了，他们也可以马上投入战斗。这种情况下，战斗力是以整体的形式发挥出来的。兰彻斯特在计算双方战斗力损耗的时候意识到，兵力，即士兵的总数的作用比冷兵器时代大多了，战斗力的损耗等于进攻方每个士兵的战斗效率乘以士兵数目的平方。于是，第二种模型也被顺理成章地称为"平方律"。还是以阿金库尔战役为例，法国军队士兵的数量是英国军队的 5 倍多，这就意味着当时法军的战斗力是英军的 5 倍，而如果以现代战争的视角来看，法军的战斗力应该是英军的 25 倍。

　　兰彻斯特方程的伟大之处在于揭示了集中火力的价值，"对准一个目标火炮齐发"成了制胜之道。军事战略家们迅速意识到，在士兵训练和提高瞄准精度上投入过大并不合算，最终决定胜败的更多的是士兵的数量，而非单兵作战的能力。培训、装备固不可少，从兰彻斯特方程也可以知道，士兵的装备越差，其战斗效率就越低。但如果要让军事家们二选一的话：是分配更多资源给武器和训练，还是分配更多资源给招募士兵？答案显而易见，当然是更多的士兵！

兰彻斯特成为开山鼻祖之后，他的平方律被拿来对数千场战役进行因果分析，从阿登战役到硫磺岛战役[1]，无不涉足。基于这些研究，又衍生出了数不清的针对军事力量分配、战略制定、成本花费等方面的模型。从兰彻斯特方程而来的类似"绝不分兵而战"等近乎神圣的理念，直到今天还在发挥着积极作用。

兰彻斯特方程中的平方律适用于现代战争，人们关注的热点也主要在这个方面。但是，如果我们来看动物的大型武器演进历程的话，线性律更能说明问题。兰彻斯特比较了古代战争与现代战争的区别，指出了在什么环境下大型武器才是上算的。如果对手可以集中火力，结伙同时对付一个，那么在大型武器上花钱似乎是无用的。相反，如果士兵们是短兵相接，讲究的是单挑，那么战斗力更好的士兵将会克敌制胜。战斗力经常取决于武器的尺寸，两强相争，手持重器的一方会取得压倒性优势。

----

[1] 阿登战役（Ardennes），又名突出部战役，是第二次世界大战后期欧洲战场上美国、英国与德国在阿登地区进行的攻防战。德国军队以少打多，战术比较成功，但美英部队最终还是以超过 3 倍的兵力取得了胜利。

硫磺岛战役（Iwo Jima），又被称为"太平洋绞肉机之战"，是第二次世界大战太平洋战场上日本与美国之间爆发的一场战役。日本仅用 2 万兵力对抗美军 10 万人，失败在情理之中。但日军采取了集中火力等正确战术，进行了顽强抵抗，最后美军的伤亡比日军还多。

对决：一决雌雄

　　动物和人类都将面临对决。不同的是，动物间的争斗可能在各种意想不到的地方发生，也许在悬崖峭壁的边上，也许在热带雨林的树冠上，也许在海底火山的喷发口旁。争斗的方式更是无奇不有。至于这些争斗会把武器引向什么方向，接下来就让我们细细看来。

　　除了某些类似于蚂蚁和白蚁的社会性昆虫外，大多数动物并不会遇到与群体作战的情况。雄性们争夺交配机会时，往往是为己出战、个体迎敌，但这不意味着所有雄性面临的都是一对一的情况。实际上，很多时候会出现成堆的对手蜂拥而上、一团混战的场景。我们可以借鉴兰彻斯特比较古代战争和现代战争的方式，也来对照一下动物的对决和混战。

　　雄性们在短兵相接之时，战斗往往都像是排练好了一样千篇一律，不断重演：双方先是以武器相抵，形成对峙态势，然后或是推推搡搡，或是拉拉扯扯，又或是扭扭打打。虽是不同的物种各有各的厮杀方式，但这个时候战斗本身完全成了双方相对实力的可靠性验证，结果往往和预计的一样：身强者赢。而一旦混战开始，结果就不可预料了，武器的效力也会大打折扣。

　　雄性杀蝉泥蜂（cicada-killer wasps）会在半空中就恶狠狠地扑向对方，并使出一系列格斗动作：缠、扭、转、滚、咬，结果往往是在战斗过程中就会坠落到地上。战场就位于硬土之上的开放空间中，雌蜂们则待在相对安全的地表下，集中精力完成从幼虫到蛹再到成虫的蜕变。它们成群结队、发育成熟、春心荡漾，时机一到就会钻出地面。很多雄蜂都可以凭借气味闻到雌蜂的隐藏地，所以经常会出现几十只雄蜂同时冲过来争夺这块宝贵地盘的场景。只有得胜的雄蜂才有机会抓住露头的雌蜂并与之交配，有时还要帮着把雌蜂给拽出来。这就是为什么有时雌蜂还没有出现，我们就已经能看到三四只杀蝉泥蜂厮打在一起了。不过，尽管杀蝉泥蜂需要面对激烈的雄性竞争，需要争夺集中化的资源，即雌蜂隐藏的地下场所，可似乎它们并不需要什么特制的武器。

鲎（horse shoe crabs），又名马蹄蟹，会在新月或满月大潮之时游向岸边。月光下，成千上万的鲎爬出海面寻求交配，白色的精子泡沫形成了厚厚一层，铺满了整个沙滩。我们熟悉的场景又出现了：可以受孕的雌性为数不多、相距甚远。当一只雌鲎游到岸边，八成它的身上已经趴着一只雄鲎了，但雄鲎的地位并不稳定，必须得牢牢地攀附在雌鲎背上，抓住机会赶紧让卵子受精，还要时刻提防四面八方涌来的其他竞争者。这种竞争非常激烈，一只雌鲎身上趴着4~5只雄性的场景并不足为奇，而且个个都会大打出手。但这种场景下的雄鲎在武器使用上并没有采取什么激进策略。军备竞赛的前两个条件在杀蝉泥蜂和鲎身上都能得到满足：激烈的雄性竞争，雌性数量有限、分布集中、具备防御价值。但它们面临的都是混战而非对决，并不符合兰彻斯特线性律的要求，装配大型武器从成本效益角度来看并不划算。

人类构想出"公平"一词并非心血来潮，其实质是人类希望战斗的胜负与实力的强弱相匹配。在一个公平的战斗中，最优秀的战士一定会取得胜利。如果事与愿违，那么一定是有人作弊，那么最公平的战斗是什么呢？毫无疑问，就是对决。自打有记载起，人们之间就流传着各种各样传颂至今的英雄形象，有古希腊荷马时代的斗士、中世纪的骑士、日本武士，甚至也包括美国西部荒原上的枪客，而在这些英雄的眼中，唯一能拿来彰显荣誉、论资排辈和记载传世的对抗方式就是对决。

06

对决：一决雌雄

动物们也是如此。**与充满变数的混战不同，对决可以反映实力，通常只有强者才能取得胜利**。只要是正面迎敌，决定胜负的法则就比较确定、直接，很少有弱者逆袭的情况出现。因此，我们可以把动物想象成为古代的人类武士，打起仗来比的就是力量强弱、耐力长短和武器大小。

假定所有其他条件都满足，我们会很自然地想到，那些习惯于一对一决斗的物种应该更容易进化出终极武器。但是，什么样的生态环境会促进动物们之间的对决呢？实际上，我们发现，很多决定某种资源是否具有防御价值的生态因素组合在一起，会同时起到促进或制约雄性竞争的作用，从而使得争斗更容易以对决的形式出现。这些生态因素的组合就仿佛是一个必不可少的大熔炉，有了它，就可以冶炼出一件件超级兵器。

洞穴、隧道等这类地下的封闭性空间，也许是最常见的一个例子，其特点是不会移动、位置固定、易守难攻。雄性只要能守住隧道入口，就能守住待在里面的雌性，也就防住了其他想招惹雌性的对手。同时，隧道的空间狭小，对手施展起来并不能随心所欲。以雄蜣螂为例，当它想发起挑战时，就必须先设法挤进隧道，而 10 只蜣螂是无论如何也无法一起进入隧道、群起而攻之的，这就是战斗空间所带来的限制。在隧道这个精心挑选的战场上，决斗只能一个接一个地依次发生。而那些压路机型的蜣螂并不受此所限，可以有几个对手从上下左右同时发起袭击，3~4 个雄蜣螂绞杀在一起也不足为奇。这样一来，在蜣螂这个种群中我们就可以看到，一一对决的物种都费尽心机地长出了特制的角，打群架的物种则没有在这个方面费多少心思。

动物武器

ANIMAL WEAPONS The Evolution of Battle

类似的动物比比皆是。虾兵蟹将们挥舞着大螯，为一个洞穴你争我抢；泥蜂们将泥巢黏合在树叶背面，入口呈管状，它们亮出獠牙，为这个自己构造出来的洞穴互不相让；很多种类的独角仙在争斗时，也会把洞穴当成必争之地，不管这个洞穴是在地下还是在中空的甘蔗秆里；甚至还有一些稀有的亚洲蛙类对洞穴情有独钟，而为了守卫这些洞穴，它们还别出心裁地长出了尖牙和利刺，这还真是意料之外、情理之中。同时，有证据表明，有一种已经灭绝的巨型有角地鼠（horned gopher）也是此中同道。所以，尽管不一定会引发武器的演进过程，但是挖穴行为本身就满足了军备竞赛三个前提条件中的两个。古往今来，在很多轮番登场的物种当中，洞穴对大型武器的出现都起到了"一穴定乾坤"的作用。

树枝可以和洞穴起到一样的作用。确切地说，树枝就像是"逆向的隧道"，同样是必经之路，也同样是冤家路窄。就像童话故事里头常常出现看守桥梁的巨怪，雄性们也可以盘踞在树枝上充当关隘守将的角色，而任何一个对手要想得到对面的雌性，都要先过这一关。由于树枝一般都又细又长，所以对手只能单枪匹马依次通过、独自打斗。动物之中像独角仙、缘蝽象（leaf-footed bug）、有角变色龙（horned chameleon）等，都采用保护并利用树枝的方式，达到了阻挡对手、占有雌性的目的。而在这些物种里，不出意料，我们可以看到很多个体都装备着巧夺天工的武器。

就算是在完全开放的区域内，只要关键性的资源处于定点、静止的状态，而且面积大小在力所能及的看护范围之内，雄性们就仍可依靠武器来施展拳脚。它们安于磐石、眼观六路、耳听八方，一有动静就迅速转身直面入侵者。它们就像是在冰面上捕鱼的渔夫，随时准备为开凿出来的冰洞大战一场。锹甲虫（stag beetles）与丑角甲虫相仿，只不过它们的关键性资源是直立树干上的裂口，从这些裂口中不断流出的树液能够吸引雌性锹甲虫。雄锹甲虫们会大打出手，忙着用大颚死死咬住对方的头部，努力撬起对方的身体和四肢，并试图把对手掀翻在地。雌甲虫们则忙着享受美味的树液，心满意足之后再产卵、飞往下一处。那些得胜的雄甲虫当然不会放过它们，正好趁它们吸食的时候完成交配大业。

新几内亚鹿角蝇守卫的是倒伏大树的树皮上的小孔。雌蝇必须通过一个现成的小孔把卵产在树皮以下，不过它们可没有钻透树皮的本领。雄蝇们利用这一点，守卫在树皮上的小孔处，孜孜不倦地润湿着那些小孔以此来吸引雌蝇。当然，它们还要时不时地赶走入侵者。在这里，关键性的资源是小孔，而雄蝇们有足够的能力，对任何进犯之敌给予迎头痛击。

在上述的这些例子中，雄为雌狂，守之有方。这些动物捍卫着那些有利可图的资源，并以此来确保对雌性的控制。而那些资源之所以值得放手一搏，主要是由特定的生态环境起了决定性作用，也正是在这样的生态环境下，雄性们义无反顾地选择了决斗，而非混战。

公突眼蝇（stalk-eyed fly，见图 6-1）的杆状眼睛像棒棒糖一样从头部两侧伸出，活像一对微型哑铃挂在头上，看起来十分诡异。更奇怪的是，有些种类的突眼蝇的眼柄特别长，而它们的近亲却又截然不同。这种差异从何而来呢？还记得蛞蝓吗，这里我们可以像观察蛞蝓一样仔细探究一下不同种类的突眼蝇。

图 6-1　公突眼蝇

英格丽德·拉莫特（Ingrid de la Motte）和迪特里希·伯克哈特（Dietrich Burkhardt）两位科学家研究过 5 种长有长眼柄和几种没有长眼柄的突眼蝇。他们的发现跟我们的预计不谋而合。这里我们来看看白泰突眼蝇（T. whitei）和达氏泰突眼蝇（T. dalmanni）。它们白天时会独自沿着地面或者林中小溪边的低矮植物爬行，以腐殖质和动物尸体上的各种真菌、霉菌、酵母菌等为食。而不管是谁想靠近，无论公母，它们统统都拒之门外。

夜间则是另一番景象。在森林里的每条溪流的河床上，都有很多被流水冲刷切割出来的凹处，里面悬挂着像丝线一样的植物细根，摇摇晃晃。两种突眼蝇密密麻麻地聚集在这些细根上面。细根长短不一，而较长的细根往往会容纳更多的突眼蝇。母突眼蝇们常常把细根当成它们悬在空中的闺房，二三十个排在一起，一副妻妾成群的模样。

以公蝇的眼光来看，细根就是母蝇们必不可少的关键性资源。只有少数公蝇可以占据某条细根，进而拥有上面的所有母蝇，也就是说，它们可以借此拥有巨大的、不成比例的繁殖优势。现在正有一批生物学家深入亚非国家的热带河流区域，致力于研究这些突眼蝇和它们的寝宫。这些生物学家主要分为两大团队，一组由杰拉尔德·威尔金森（Gerald Wilkinson）带领，约翰·斯沃洛（John Swallow）、帕特里克·洛奇（Patrick Lorch）为组员。另一组则包括安德鲁·波米安科夫斯基（Andrew Pomiankowski），凯文·福勒（Kevin Fowler）以及萨姆·科顿（Sam Cotton）等组员。于是，那些地区的夜晚就出现了"挑灯夜战"的情景：生物学家们戴着头灯在旁观察，公蝇们则兀自为半空中的后宫佳丽们浴血奋战（见图 6-2）。

生物学家们发现，公蝇会在细根的顶部占据有利位置，时不时地来回摇动眼柄，在激荡细根的同时也制造出了轻微的涟漪般的波动。其他对手可以在远处观察波动的幅度，以此来评估守卫者的实力。某个对手一旦决定挑起冲突，会逼近守卫者并在其面前徘徊，双方就会进入以眼柄相对峙的状态。这时，如果入侵者的眼柄比守卫者的小，一般就会识趣地溜走。但如果入侵者自忖水平半斤八两甚至更高一筹的话，一场恶战就不可避免了。

细根的控制权之争正式拉开帷幕时，入侵者一停在细根上，就会阔步前行，拉开架势，一头撞上守卫者，双臂伸开施展起近身格斗术。结果必然是眼柄长者得胜。随后赢家更不会闲着，它得抓紧时间在夜幕下与细根上所有的母蝇一一交配。于是我们就可以再次看到，对此类的突眼蝇来说，守住自己的后宫所带来的好处，大大超过了制造、携带武器的代价，而武器本身再硕大、再笨重也都无用武之地。

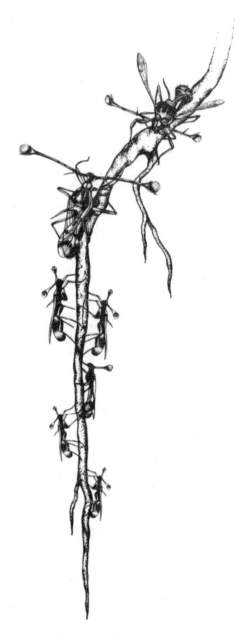

图 6-2 守护"后宫"的公突眼蝇

重点在于，当生物学家们研究那些没有长眼柄的突眼蝇时发现，唯一的差异在于它们并没有夜间集体栖息的习性。比如五斑泰突眼蝇（T. quinqueguttata），无论公母从不群居，自然不存在什么有防御价值的资源，相应地也从未有过长眼柄。与上述那些突眼蝇相比，两者的相同之处在于，它们白天的状态都差不多，都是独自去寻找霉菌、真菌等生物。不同的是，到了晚上五斑泰突眼蝇还是独自入眠，所有的交配只发生在日间，且充满了偶然性和短暂性。这再次说明，没有对决就没有发展武器的必要和实际行动。

在兰彻斯特模型中，古代战争中每个士兵的作战模式都是捉对厮杀，而这种模式也可以套用到比士兵更大的作战单位上去。战船、战机，乃至国家之间，敌对各方采取何种对抗模式都尤为重要，如果对手们都是排起阵势、两两相争，那就离军备竞赛为时不远了。看看过去的例子吧。在将近 1 500 年的历史中，划桨战船一直是埃及人、腓尼基人和迦太基人在地中海上争霸的工具，而当中的大部分时间里（公元前 1800—750 年），战船的使用和设计都相当稳定。顺风时战船鼓风而行，其他时候则完全依赖于桨手出力出汗：桨手们在船两侧一线排开，节奏一致地划动长桨，为战船提供动力。长长的轻舟组成运兵船队来回穿梭，将士兵们源源不断地送往战场。但是在公元前 750—700 年期间，形势发生了变化，一种新的武器被加装到了战船之上：撞锤。

在那个年代，撞锤是用最好的青铜、在最好的窑炉里锻造出来的。借助撞锤的冲击力，水手们可以驾驶着战船冲向敌方，击碎敌船的外壳，并将其连人带船撞沉。这样一来，海军的战船终于不再仅仅是运输船了，而是摇身一变成了件攻击性武器。突然之间，战船变化成了个体作战单位，它们之间可以近距离、一对一地展开对抗。这时候的海战与古代的步兵军团作战很像，也是列队排好，直冲向对面的敌方船队。撞锤的强大攻击力促使船与船之间形成了近距离的决斗。兰彻斯特线性律终于将海战也纳入了囊中。从此以后，海战也遵循着这样的规律：更大即更强，拥有最大战船的海军舰队必将获胜。

人类海军史上的一场宏大的军备竞赛就此开场。工匠们使出洪荒之力，不断提升有桨战船的速度和马力。道高一尺魔高一丈，对战双方只要一方有任何创新手段，另一方就会马上跟进复制并拿出反制措施。早期的单层桨战船（penteconter）只有一层桨，每侧25支，在人们看来，加长船体就可以容纳更多的长桨。很快，船体就猛涨到了大约40米长。而在当时的技术条件下，再增加长度就已经很难在风大浪急的海面上保持船体的稳固了。

于是，到了公元前600年左右，人们又开始在船的高度上打起主意，通过增加一层桨手，划船的力量扩大到了原来的两倍。这样一来在船身变短的情况下，船体的操纵性更好了，马力也可以更大了，于是双桨座战船（bireme）诞生了，它的木质船身可达25米长、3米宽，每侧分别有50个桨手来操纵总计100支长桨。很快，三桨座战船（triremes）横空出世，船身更高，长桨也分成了上下三层。三桨座战船的巅峰时期最长可达40米、宽6米，长桨数量则达到了180支。船身再长，就很难保证船体不会弯曲变形；船身再高，即长桨增加更多的层次，就很容易使船体失去平衡。看起来，似乎战船到这时已经定型了，这场军备竞赛也到头了。

的确，在将近 200 年的时间里，三桨座战船一直是海军的主力战船，直到后来又有一项发明改变了状况。我们可以看到，到了这个时候，所有的大帆船都还处在一人一桨的状态。拿蜈蚣来打比方，它的躯干由一串连绵不断的体节构成，身体两侧伸出一条条腿，这种形态与古代的划桨帆船很相似，只不过从左右船舷伸出的是一支支长桨。单层桨战船之所以被冠以"单"，是由于一个桨手只操控单一的长桨。双桨座战船的"双"则是指桨手的位置是上下双座，在战船每一节的每一侧都有两支桨，分别有两位桨手操控。三桨座战船也以此类推。终于，到了公元前 4 世纪，工匠们又发现了另外一个可以提升战船马力和速度的秘诀：在原本有限的空间内塞入更多的桨手。

"五桨座"就是在三桨座战船的基础上，给三支桨中的两支各增加一个桨手，也就是三支桨对应五个桨手。这样一来，五桨座战船的每一侧还是有 90 支长桨，上下三层，每层 30 支，但总的桨手数目则从 180 个增加到了 300 个。人多力量大，只要是公平战斗，三桨座战船就必落下风。公元前 387 年，六桨座刚刚入列，在 10 年之内就演进到了七桨座、八桨座和九桨座，九桨座主要是每侧三支桨，每支桨都由三个桨手划动。到了公元前 315 年，十桨座出现，随之一直到公元前 301 年，十一桨座、十三桨座、十五桨座、十六桨座等都陆续面世。

军备竞赛到了这个时候，凡是超过十个桨座的战船，尽管外表看起来威风凛凛，但船身都已经过于笨重、迟缓了。这场军备竞赛的真正顶点是由托勒密四世创造出的庞然大物：四十桨座，姑且称其为"巨兽级战船"吧，它采用了双体船的架构，将两个并列的船体通过一个上层甲板连接在一起，每个船体中都可以容纳桨手，这也就意味着桨手的总体数量可以更多（见图 6-3）。于是史上最为庞大的古战船就诞生了：130 米长，4 000 位桨手。毫无疑问，这种极端的战船就是"大而无用"的代名词。

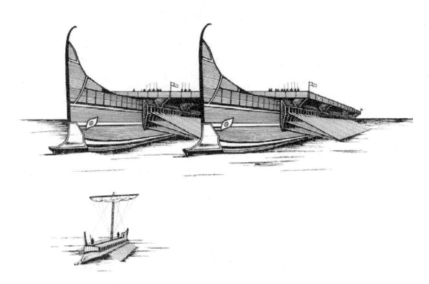

图 6-3　海军史上的第一次军备竞赛：从单桨座战船到四十桨座战船

　　竞争、经济效益、对决三个因素叠加在一起，促使进化朝着终极武器的方向发展。这个道理简洁、有效。为什么有些特殊的物种可以装备极端武器，而与它们同源的近亲却不行？想要回答这个问题就要用这个道理来解释。这就像是一个古老的密码，一旦解密，动物多样性的秘密就可以昭然若揭。我们还可以站在动物进化历史的视角，来看看军备竞赛的三个要素是怎样在种群之内落到实处的。为什么某个孤立的物种会脱颖而出？为什么这个物种能够把整个种群都拉入军备竞赛？究其原因，有的时候引发军备竞赛的生理特征恰巧就是某一个种群的公共遗传因素，个别物种可以起到明显的拉动效应。

不管生物种群如何异化并产生新的物种，遗传性状都会代代相传。所有的肉食类哺乳动物都具备一些共同的牙齿特征，如犬齿、前臼齿、臼齿等，这是由于它们都从长着这种类型牙齿的同一个祖先进化而来。全世界有 50 多种田鼠，它们都采用同样一组酶来为毛皮染色，这也是由于在千万年前，它们的共同祖先早已在使用这组酶了。

一个种群一旦通过遗传获得了某个生理特征，有时候这个特征就会将同一个"进化枝"（ clade ）上的很多其他物种都卷进与大型武器有关的优胜劣汰中去。 所谓进化枝，就是一组可以追溯到同一个共同祖先的物种。例如，母非洲象会将大量的时间、能量以及营养投入到它们的后代身上，每一次孕育后代的周期都达数年之久。这种超乎寻常的投入是非洲象的一个重要特征，而在进化枝中，其他物种也极有可能具备同样的特征。

实际上，从各种冰川期或者沥青坑的遗迹中收集到的证据可以表明，像长毛猛犸象、哥伦比亚猛犸象、乳齿象等，都不约而同地表现出了类似的长孕周期现象。同样，古生物学家们能够通过对骨盆化石形状的研究告诉我们，所有已经绝迹的大象类动物也都是这样。这就是说，雄性竞争异常激烈、适合生育的雄性和雌性在数目上严重不对等，所有这些非洲大象面临的环境，进化枝上的其他动物也都会遇到。那么多大象类物种都走上了快速发展大型武器的道路，绝非偶然。

我们常常会发现，在同一个进化枝中，往往是只要有一个物种拥有了一项大型武器，其他的物种就会陆陆续续将这种武器装备到位。很多可以遗传的性状，例如父母双方在养育后代上的差异性，如果能够带来竞争并挑起前辈物种的军备竞赛，在进化枝的后辈身上同样也可以达到目的。

如果还有一些性状能够遗传下去，例如打地洞这样一种居住习惯，那么当前辈们将洞穴视为可防御的、有价值的资源时，后辈们自然也会这么做，军备竞赛就更有可能发生了。结果就是，看起来大型武器的快速演进之路是整个进化枝的选择，而非个别物种的特色。动物多样性的大爆炸由此而生。

再来看看锹甲虫，它们遍布全球，种类上千，雄甲虫们几乎清一色穿戴着重型武器。锹甲虫是甲虫进化之树上一个独立的分支，与螳螂和独角仙一样，都是各立门户。它们的武器呈鹿角状但又与角不同，而是一对锯齿状的大颚，有时这对颚会大到超过自身长度的地步。锹甲虫的祖先经历过非常强烈的性选择，它们也誓死捍卫树干上流出树液的裂口，跟当下锹甲虫的习性其实没有多大不同。这一系列的"特征套餐"决定了锹甲虫群体面临的是一场升级版的武器竞赛，例如，在锹甲虫进化史的初期，就至少出现过两次超大尺寸的上颚。然后，就如同辐射一般，数百种物种滚滚而来。时至今日，它们还身处于强烈的性选择之中，雄性们还在恪守着祖先的对决仪式，而被视为瑰宝的也还是树干上的裂口。

上述的分析方法同样可以帮助我们解释蝇类的武器。3 000 多种果蝇组成了果蝇科，其中的大部分并没有携带什么出格的武器。但是，在果蝇的进化史上，至少有 11 次，果蝇的头上生出了突出物，并将其作为雄性打斗的专用武器。突眼蝇和鹿角蝇都是所谓"大头蝇"这个进化枝上的物种，也就是说，它们继承了历史上曾经出现过的 11 次大型武器中的两次。美国自然历史博物馆馆长戴维·格里马尔迪（David Grimaldi），曾经非常仔细地研究过果蝇，他得出结论认为，所有与众不同、携带重型武器的蝇类，都呈现出与其他果蝇不同的三个特点，即竞争非常激烈，守护的资源非常集中，争斗方式非常特别。实际上，它们在争斗时都采用了正面交锋的方式，这种方式也被形象地称呼为"头撞头"（head butting）或者"骑士比武"（jousting）。

大约在 6 500 万年前，恐龙灭绝后，哺乳动物统治了陆地，有蹄类动物开始大行其道。这些以植物为生的有蹄类动物迅速分化，并以种群为单位扩散，于是，一个又一个彼此相关的进化枝从形成到消散，不断地在进化史中书写着自己的故事，而这些故事的结尾就是大量的进化枝里都出现了终极武器。

最早的雷龙并不比现代的一只土狼大，但是它们很快就进化成为庞然大物，肩膀离地足足有 2.5 米高，体重达 9 吨。而早期的雷龙并没有武器，直到后来才在鼻子上长出了又宽又扁的骨板，长度可达 60 厘米。早期犀牛的体型跟一只狗差不多，也没有长角，经过了多样化的历程后，犀牛逐渐变成了巨兽，体重高达 1.4 吨，其携带的武器也成了大杀器，长毛犀牛的角甚至长达 1.8 米。在犀牛种群最为辉煌的时候，全世界有 50 多种犀牛。然而盛极必衰，时至今日，大部分的犀牛种类已经灭绝，仍在世间坚守着的只剩下区区 4 种。

也就是在同一时期，长吻的有蹄类动物开始多样化。远古的大象体型并不大，也没有武器，但后来却进化出了 150 多个物种，个个都身怀利器。有的长着"铲子型象牙"，七八厘米长的门牙从下颚处向前伸出；有的则是从下颚处伸出向下弯曲形成了"锄头型象牙"；有的就和乳齿象、现代大象所拥有"上象牙"一样；甚至还有的长出了"四象牙"，两个向上，两个向下。

多样化的好戏还在后头呢。猪科动物的一个分支进化出了两类物种，一类像独角兽一样头上长角，另一类则长着长而弯的獠牙。骆驼科动物的一个分支爆发出了各种匪夷所思的形态，奇角鹿（synthetoceras，见图6-4）就是其中一种，它在后脑勺上已经长着一对角，偏偏在鼻口处又长出了一支大型的、分叉的角。再比如说原角鹿（kyptoceras），从脑后弯曲着向前伸出两只长角还不够，还要从鼻子上方向两侧再冒出一对钳子似的角。叉角羚羊的进化枝上煞费苦心地进化出了几十种长着各式叉角的种类，就连长颈鹿也发展出过至少10种各式各样、千奇百怪的角。这还不算完，鹿科动物起初只是长着尖牙的小兽，模样大约与今天的中国香獐类似，但很快，多样化的威力再次展现，足足上百个物种进化了出来，个个都头顶着花样百出、卓尔不凡的鹿角（见图6-5）。

图 6-4　重脚兽（arsinothere）和奇角鹿

图 6-5　鹿类动物各式各样的武器

这些模式揭示了一个简单、惊人、放之四海而皆准的法则：只要军备竞赛的三要素都准备齐全了，借遗传之力，整个进化枝上的所有后代物种都会一呼百应，走上大型武器的快速演进之路。乳齿象和蝇类有天壤之别，它们生活的时代不同，栖息地不同，猎取的食物也不同。在体型大小上，一个是另一个的 1.2 亿倍。在武器装备方面，一个口中长有硕大的獠牙，一个是前额长着突出的角质。一切似乎都风马牛不相及，唯一相同的就只有三要素了。胡蜂、甲虫、螃蟹、螳螂、大象、羚羊等，无一不是如此。**军备竞赛号令一出，天下物种莫不从之。追本逐源，物种之间虽然差异显著，但其背后导致军备竞赛的本质都是一样的。**

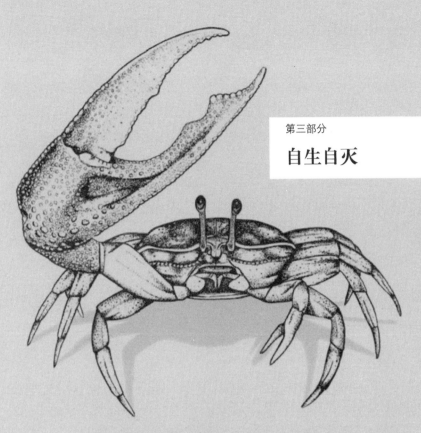

只要我们认清了军备竞赛的几个阶段，就能够洞若观火：包括人类在内，所有登上进化之巅的终极武器，都存在着不可思议的共性。不同物种之间原本就殊途同归。可谓是军备竞赛烽火连天，武器威力水涨船高，物种进化风潮迭起。

ANIMAL WEAPONS
The Evolution of Battle

07

不惜血本

ANIMAL WEAPONS
The Evolution of Battle

动物武器
ANIMAL WEAPONS The Evolution of Battle

朝下望去，巴拿马运河的水路航标在月光下忽明忽暗，加通湖^①的水面上波光闪烁。凌晨 5 点，我正呆坐在床上，凝视着热带雨林里阴暗朦胧的树枝。这是一次野外调查，我们找了个陡坡，周围森林环抱。在坡顶上，我们用木头建了一个实验室，四个宿舍排成一排。我的房间在楼上顶头，半开放，其中三面墙只有在进行研究的时候才会被封起来。湿气和细雨直穿房间，打在我的被褥和脸上。这时候的森林里喧闹无比，泡蟾"咯咯呜呜"的叫声此起彼伏，甘蔗蟾蜍（cane toads）可怖的颤音延绵不绝，还有那雨水，从树叶和屋檐上滴落下来，似乎从来就没有停止过。我像往常一样，在太阳出来前就醒了，一直在侧耳细听着那种能引领我找到甲虫的特殊声响。这是 1991 年 8 月的雨季，我正在科罗拉多岛上参加一个博士生的例行课题，目的是为了研究一种甲虫的角。这种甲虫的

① 加通湖，巴拿马的长形人工湖，为巴拿马运河水系的一部分。其上的水坝和泄洪道是巴拿马运河的主要工程之一。

130

数量很多，但体型很小，大约只有铅笔上的橡皮头那么大，很难寻觅踪迹。我找到的秘诀是：如果找不着它们，那就去找它们的食物，不幸的是，这种食物恰巧是吼猴的粪便。吼猴们在离开夜间栖息地散去之前会有固定的排便行为，于是我每天早上都赶着先找到它们，只要我动作足够快，总能将那些小甲虫逮个正着。

那个早晨，没多久我就等到了熟悉的叫声。日复一日，吼猴们在晨曦出现之前就以洪亮的叫声来宣告自己的领地了，跟时钟一样准确。如果吼猴们离我不远，它们的吼声可谓是震耳欲聋，但这对我而言倒是件求之不得的好事，因为我可以据此很快地定位它们。有时候它们的声音太难辨认，我就不得不再跋涉几公里才能如愿。那天的活倒挺简单：我拿出指南针确定好方位，然后就回去睡起了回笼觉。等一个小时之后，阳光钻入森林之时，我就可以在茫茫雾气中出发找寻吼猴去啦。

阳光透过树冠洒下来，一团团雾气变成了一条条光束，清晰可见。吼猴们早就沉寂下来，我则完全靠着指南针辨识方向，一边推开树枝、跨过树根，一边还要注意头顶上的动静。突然间，咔嚓一声，哈，找到啦。抬头看去，十几张猴脸正俯视着我，树叶之间黑乎乎的几团影子，其中一个还朝我丢了根棍子。

到了这时，我就要眼疾手快地找到猴粪，甲虫大军马上就到。先是一群身上闪着金属光泽的大型甲虫从天而降，攀附在细枝和树叶上。随后，一群黄褐色的甲虫也匆匆赶来，触角左伸右晃，探寻着粪便的气味。几分钟之内，到处就都是它们的身影了，一波又一波的大军横扫着成堆的粪便，看似笨拙粗鄙，实则轻巧无比。过了一会儿，又有一伙豌豆大小的甲虫奔赴而来，在剩下的粪块周围迂回徘徊。苍蝇们也不甘示弱，先是落在粪便周围的树叶上，再瞅准时机一扑而上。不到半个小时，粪便周围就布满了各式各样为了食色而来的虫子，进食、交配，不亦乐乎。

我那天追踪的物种连个俗称都没有，估计也只有昆虫学家会注意到它们：尖突嗡蜣螂（onthophagus acuminatus）。这种甲虫也是我的"巴拿马甲虫"，它们当中个头最大的公甲虫长着一对角，还在两眼之间并列长着两只圆锥形的尖状物（见图 7-1）。个头较小的则没有长角，只是在本该有角的地方长出了小瘤。那一年我的主要任务就是观察这些甲虫的角是如何进化的。为了达到这个目的，在那间充当实验室的灰扑扑的棚屋里，我决定要亲自对它们施加选择压力。

首先，我在巴拿马城里买了一大堆未贴标签的塑料洗发水瓶子，光装这些瓶子就用了一个足足有 3 米高的袋子。然后，在野外实验站的木工那里，我们用一台带锯把这些瓶子的头部去掉，这样我就有了一批直径约 8 厘米、高约 30 厘米的圆管。在我那个小小的实验柜上堆积着上千个这样的圆管，个个都塞满了 25 厘米深的湿润的沙质土。我又在每个瓶子里加了一小勺冰激凌大小的猴粪，再用丝网把整个瓶子裹起来，最后再拿橡皮筋扎好。如果你是一只嗡蜣螂，看到这么周全的布置，一定会有宾至如归的感觉。

每支圆管里可以容纳一对甲虫在此结婚生子。它们会打好洞，将粪便拖进去，并将其弄成一个个手指头大小的"育儿球"，看起来就像塞得满满当当的小香肠。母蜣螂会在每个育儿球上面产一颗卵，立在一个小柄上，外面再薄薄地覆盖一层土和粪便。卵孵化出来后，幼虫的吃住和成长就都在这颗独享的粪球里，直到大约一个月后幼虫发育成熟、钻出土面。一对甲虫每周可以制造 6~8 根含卵的"香肠"，而我的工作就是每隔几天补充一次新鲜的粪便，以免甲虫们无事可做。这样，从每对甲虫身上我都可以获得 20~30 只子代。

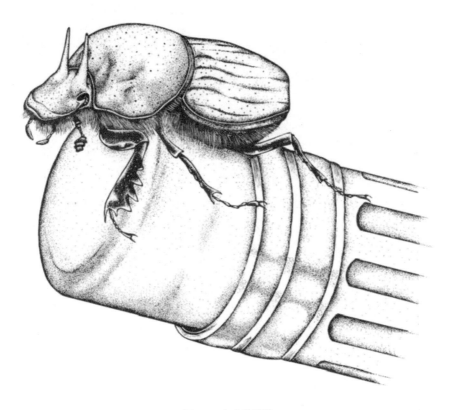

图 7-1　尖突嗡蜣螂

我总共抓了 100 只野生甲虫，一半雄一半雌。借助显微镜，我先从雄性的那一半中筛选出 5 只角最长的甲虫作为"种虫"，再为每只种虫搭配 2 只雌甲虫。由于雌甲虫都不长角，所以我是随机挑选的。对雌性的那一半呢，我将每只交配过的雌甲虫都安排在一支独立的洗发水瓶子里，然后就等着从它的 20~30 个子代中再开始下一轮筛选。10 只可生育的雌性在一轮筛选和交配中可以获得大约 300 个子代。从这 300 个子代中我会再次挑选出 5 只角最长的种虫，照旧配上 2 只雌甲虫。这一轮产生的子代就构成了整个实验的第三代，而这个实验可以一轮轮地持续下去。

在我的实验里，人工选择的方式非常直接，就是挑选那些角越来越长的个体。真正的问题在于，整个群体会不会对此类选择做出反应？整个群体中雄甲虫角的长度是不是同样一代又一代地越来越长？

任何一个科学实验都必须具备可重复性，只有这样才能最大限度地降低实验结果的偶然性。如果我们从实验中发现某个群体在一代一代地逐步发生改变，这也许只是一种巧合。想象一下，有一个大罐子里面装满了 50 种颜色和口味各异的糖豆，充分混合均匀后，你伸手进去舀出来 1 000 颗糖豆，再把它们放到一个新罐子里去。你取出的糖豆也许凑巧包含了原来的全部 50 种颜色，也许只包含了部分颜色，这就是概率。你这次取的糖豆和下次取的糖豆口味上会有不同，但概率上的差异不会太大。新罐子中糖豆的混合比例应该跟原罐子中的类似。

如果换一种方式，你从原罐子里只拿 5 颗糖豆放到新罐子里去，这就不具备什么代表性了，原有 50 种口味中的大部分都会丢失掉。如果重复这个动作，等到新罐子装满，里面的糖豆数目应该还跟以前差不多，但混合在一起的口味可就大不一样了。可以这么说，由于概率的作用，糖豆"群体"发生了显著进化。

我只是采用了筛选 5 只雄甲虫和 10 只雌甲虫的方式，并以此不断产生子代。群体性状的改变或许仅仅是由于概率而产生的，而这种方式采样量比较小，所谓群体不过是我人工选择出来的，即使在实验中最终发现雄甲虫的角确实变长了，我也不能轻易排除这是一种由于概率而产生的虚假结果。

为了确认结果，我需要重复实验。如果得到的不是一个，而是两个相互独立的群体，每个都受到了指向性很强的人工选择，方向都指向更长的角，而且最终的结果也的确如此，那么结论就非常令人信服了。随机概率导致的变化不会导致两次相同的结果。进而，在实验中还可以加入相反的测试组：挑选角最短的甲虫作为种虫，并采用同样的实验环境、同样的时间、同样的食物、同样的种虫数量以及同样的繁殖批次。

如果在几个繁殖批次过后，我们发现凡是以"长角"作为选择标准的群体中，雄甲虫的角最终都比最初的一代变长了，而凡是以"短角"作为选择标准的群体中，雄甲虫的角最终都比最初的一代变短了，那么我们就可以有把握排除掉概率的影响了。实际上，我的实验是基于 6 个独立的群体同时开展的。对其中的两个群体，我施加的是"长角"的人工选择，另两个则采取的是"短角"策略，剩下的两个群体则作为对照组，完全采用了随机的方式。

当然，为这么多的甲虫供吃供喝可不是件易事，想想看我为了找猴子，花了那么多个早晨来回奔波就知道了。整整 600 天，每天都与日出相伴，我在潮湿的林地里四处搜寻，就是为了能背上成袋的吼猴粪便回到实验室。看到那么多甲虫得以大快朵颐，我就知道，自己的这个大型试验可以继续下去了。

在付出了 2 年时间、喂养了 7 代甲虫之后，我终于得到了答案：嗡蜣螂的武器发生了实实在在的进化（见图 7-2）。"长角"组中甲虫武器与身长的比例远超其祖辈，"短角"组则正好相反。这两个极端都呈现出了与对照组截然不同的特点。现在我有十足的把握，确信动物武器可以快速演进了。不过，我同时也注意到，武器并不是唯一发生改变的性状，角的尺寸增大也伴随着相应的代价。

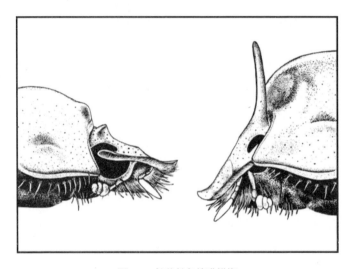

图 7-2　长着长角的嗡蜣螂

武器越大，投入就越大，而后果很严重：角最长的雄性嗡蜣螂大都眼睛发育不良。在实验接近尾声的时候，"长角"组的眼睛比"短角"组要小 30%。发育不良主要是由于营养不足，任何一种生理组织的生长都需要能量和原料，把资源更多地输送给某一个生理结构，就意味着其他生理结构得到的资源变少了。

这种资源分配的权衡对所有动物的生长都会产生影响，但在大多数时候这种影响是微不足道的。但是，如果一种动物明显地将资源投入到了某一特定的生理结构上，那就影响深远了。**对于那些身陷军备竞赛的物种来说，武器的体型又大，生长又快，必然需要消耗很多资源，身体机能将必不可免地受到损害。**拿昆虫来说，有时这意味着它们身体上除了武器以外的其他部位的生长速度会显著降低。以螽蟖螂为例，它们的角在生长时，视物种不同，其眼睛、翅膀、触角、生殖器或睾丸等器官都会或多或少地受到妨碍。由此可以看出，战斗力的提升是以损害视力、飞行能力、嗅觉，甚至是生殖能力为代价的，制造武器可不是儿戏。类似的取舍效应在很多物种身上都存在。再比如独角仙和锹甲虫（见图 7-3），越是长着巨型的角或上颚，它们的翅膀就越小；还有，突眼蝇为了保障眼柄的发育，甚至会延缓睾丸的生长。

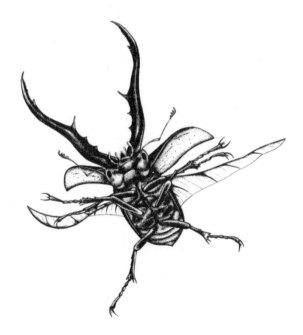

图 7-3　锹甲虫

在社会性昆虫中，士兵身上翅膀的发育更受取舍效应的影响。不管是在蜂类、蚁类，还是白蚁之中，只要是长着大头的士兵，它们的翅膀和翼肌都无一例外地萎缩了，更有甚者根本就长不出翅膀。对它们来说，能打胜仗的代价不仅仅是飞行能力变弱，而是彻底丧失飞行能力。

身体的部分发育不良，只是雄性动物们制造武器的代价之一，武器越大，成本越高。北美驯鹿的鹿角长度可以超过 1.5 米，重量可以超过 9 公斤，占全身体重的 8%。驼鹿的鹿角宽度可达 2 米，重达 18 公斤。还有已经灭绝的爱尔兰麋鹿，鹿角的跨度超过 4 米，重量有 90 公斤。这还不是最令人咋舌的，如果以武器与整个身体的比例来衡量的话，拥有最大号武器的不是麋鹿，也不是甲虫，而是招潮蟹，其蟹螯的重量能够占到公蟹全身的一半！与此相对应，在它的发育过程中，体内能量的一半都被用来支撑武器的生长了！

养成这样粗重庞大的蟹螯固然不易，维持它的正常运作更是花费不菲。要知道，蟹螯可不是拿来虚张声势的，其中蕴藏的肌肉发起力来，足以粉碎对手的外骨骼，而这一定需要非常多的能量来支撑。那么这些能量是从哪里来的呢？肌肉细胞中有一种非常微小的细胞器叫线粒体，负责将营养和氧气转化为可用的能量，所以线粒体也被称为"细胞能量工厂"。螃蟹之所以能够自如地做出肌肉收缩、蟹螯闭合等动作，都是因为肌肉细胞中密密麻麻地充满了线粒体。

也正是由于这些线粒体的存在，肌肉细胞即使处于松弛状态时也是耗能巨大，蟹螯越大、肌肉越多，耗能就越厉害。在这方面，装备着巨螯的雄性招潮蟹已经进入了走火入魔的状态，仅在静止状态下，它们的新陈代谢率就比没有巨螯的雌性高了近20%。而一旦它们开始张牙舞爪、兵戎相见，耗能还会急剧上升。蟹螯越大，就越近乎以命相搏。

随身带着这样一件巨器奔跑也不是个轻松活儿。本特·艾伦（Bengt Allen）和杰夫·李维顿（Jeff Levinton）发明了一种巧妙的办法，可以诱使招潮蟹在一个密闭容器之内的跑步机上奔跑。招潮蟹的肌肉不断收缩的同时要消耗氧气，释放二氧化碳。通过测量这两种气体的密度变化，艾伦和李维顿就可以精确地得到招潮蟹新陈代谢的消耗量是多少。毫无疑问蟹螯比较大的雄招潮蟹所消耗的能量，一定比蟹螯比较小的雄蟹或者干脆就没有巨螯的母蟹来得多。咱们再明确一点儿，想象一下你想亲身体会雄招潮蟹的负担，在跑步的时候带上了与自身体重相当的负重：比如你捧着3个20千克的袋装狗粮，还带着一大块煤渣砖。自求多福吧！不知道你会怎么样，反正雄招潮蟹在跑步机上不堪重负，很快就筋疲力尽了。

巨螯带来的额外代价还不仅如此。雌招潮蟹依靠两只起到摄食作用的前爪在沙土中捡食各类有机碎片来果腹，它们一边四处觅食，一边不断地划动摄食钳，整个进食过程既精妙又乏味。雄招潮蟹则不同，它们已经将摄食钳中的一只异化成了战斗武器，而武器可不是用来吃饭的家伙，要吃饭，只能靠剩下的一只爪子了，这就严重影响了它们摄入食物的速度。别忘了，雄蟹更需要补充能量，所以它们只能要么延长进食时间，要么加快进食速度。

进食的时间越长，就越容易暴露在天敌面前。雄招潮蟹的厄运随之而来，它们带着自己的巨螯，行动笨拙、粗重、迟钝，所有致命弱点一应俱全。几项野外调查表明，雄招潮蟹被鸟类捕食的比例非常高。我最喜欢引用的一个例子来自约翰·克里斯蒂（John Christy）和他的同事。他和帕特丽夏·巴克韦尔（Patricia Backwell）、古贺庸宪（Tsunenori Koga）一起研究了巴拿马太平洋沿岸泥滩上的一群毕比氏招潮蟹（Uca beebei）。

他们发现，一种叫作大尾拟椋鸟（great-tailed grackles）的鸟类会采取一种狡诈的策略，在捕猎招潮蟹的时候收获甚丰。它们擅长虚晃一枪，在抓螃蟹的时候不是直接向猎物发起攻击，而是向目标的旁侧冲去，就好像只是路过而已。在与目标擦身而过之后，它们就会以迅雷不及掩耳之势，斜刺里杀一个回马枪，而这时的招潮蟹还没搞明白发生了什么就落入了捕食者手中。采用这种策略的大尾拟椋鸟抓获招潮蟹的效率是使用其他策略的两倍，而每次大尾拟椋鸟杀回马枪，它们瞄准的都是雄蟹。很显然，这正是由于雄蟹的螯钳太畸形、太显眼了，鸟儿从天而降的时候，都把它们当成了众矢之的。后果不言而喻，雄蟹被捕食的比例大大高于雌蟹。

凡是处心积虑制造武器的动物，都难以摆脱这样的宿命：被捕食的风险显著提升。招潮蟹就是绝佳的例子。作为猎物，它们越是显眼，耐力越是不足，逃生时越是迟缓，它们就越可能被抓住吃掉；更不用说，它们常常是捕食者倍加青睐的猎物，想想看雄蟹巨螯中那一坨坨肌肉，这可是营养丰盛的美味。

鹿也是我们研究武器成本的绝佳手段。诚然，我们没有办法把一头鹿关到小塑料管子里去，而且跟蟋蟀比起来，鹿的生长发育周期也太长了，这一切都使得施加人工选择困难重重。还好，我们研究性选择的方法还有很多种，而鹿就像是为此而生的完美样本。这主要是因为它们都是大型、显眼的动物，相对容易观察。我们也能够轻而易举地对鹿的个体进行标注和追踪，这样就可以确定到底有多少头雄鹿取得了争斗和交配的胜利，也可以得知被异性成功吸引的雌鹿的数量。另外，鹿角每年都会脱落并在来年重生，我们可以对脱落的鹿角进行称重等测量工作，甚至可以将其碾碎、焚化，以得到每一具鹿角中卡路里和矿物质的含量。

针对雄鹿的长期监测可以揭示它们在觅食、求偶以及争斗上的时间分配。借助飞镖发射的镇定剂，生物学家们有大约 1 小时的空当来测量这些雄鹿的身高、体重和年龄，还可以对体外寄生虫进行计数，并通过抽血来检查鹿体内寄生虫和传染病的状况。通过比较在繁殖季节，即发情期前后的数据，我们就可以清楚地知道对一只雄鹿来说，交配到底意味着怎样的代价。实际上，我们可以看到，处于发情期的雄鹿的体重会急剧下降，生理机能也会被严重削弱。武器，以及伴随着武器而来的精力上的损耗、雄性激素的分泌以及各种侵略性行为，都会给雄鹿带来毁灭性的打击。

在现存物种中，黇鹿（dama dama，又名扁角鹿）和驯鹿的鹿角都是最大的，不分伯仲。黇鹿的原产地在欧亚大陆，从以色列的考古挖掘中可以发现，黇鹿是旧石器时代人类的重要肉食来源，时间跨度为 1.9 万 ～ 3 万年前。罗马人最迟在公元 1 世纪的时候把它们从中欧带到了英国。时至今日，人们经常用来研究的一个鹿群就在英国，而且它们的居住地也有些不同寻常，在爱尔兰都柏林的一个城市公园里。

凤凰公园（Phoenix Park）可不是一般的城市公园，它占地超过 708

公顷，内有草地、山丘和森林，是欧洲最大的封闭式公园。公园里林荫大道和人行小道交错其间，我们的研究对象也时不时地混迹在野餐者、慢跑者，甚至是游行队伍之中。这群鹿在这里经历生老病死，自得其所，从 17 世纪时它们就生活在这里了，其丰富多彩的交配行为更是毫无顾忌地展示在所有人面前。

　　黇鹿的角外形惊人，叉角围成一圈向外伸出，延展成一个巨大、弯曲的勺状物，活像手掌上张开的指头。一头大雄鹿的鹿角边缘上最多辐射 70 多根分叉，宽度约 3 米，比雄鹿的身体还长。在每年 9 月到 10 月总计约 5 周的时间里，发情的雄鹿都会挥舞着笨重的鹿角，在它们竭力守卫的一小块领地里尖叫，嗓音逐渐从低沉洪亮变成沙哑嘶鸣，还兀自咆哮不已。同时，它们还会抓挠土地，在刨出来的每一块地皮上都撒上充满雄性气息的尿液，并以此来昭告天下，达到吸引异性和威吓敌手的目的。

　　托马斯·海登（Thomas Hayden）和艾伦·麦克利戈特（Alan Mc-Elligott）一起跟踪研究这个鹿群长达 15 年，每年的鹿群规模有 300~500 只不等。这两位科学家得以观察到其中 318 头雄鹿的整个生命历程，每次发情、争斗、交配的行为与结果尽收眼底：谁在争斗中力压群雄，谁真正抱得美人归，以及每头雄鹿到底有多少子嗣，所有这些都一目了然。他们也得以确切地知道每头雄鹿在发情期间所付出的代价：体重降低了多少、受了多重的伤以及在冬天到来之前，是否还可以恢复元气。

　　雄鹿们几家欢乐几家愁。实际上，如果以能否繁殖后代来衡量的话，那么绝大多数雄鹿的结局都是一败涂地。它们当中的 3/4 在还没来得及到壮年的时候就被灭掉了。很明显，武器是硬碰硬的家伙，滥竽充数可不行，它们不能自保领地，当然无缘后宫佳丽。过了这一关，雄鹿们好不容易练成了足够强壮的体型和等级，马上又会陷入接连的打斗之中，各种压力、撞击接踵而来，寄生虫、病原体也纷纷进犯，结果就是遍体鳞伤、病痛缠身。而它们苦苦守卫的一方领地，也往往会被雌鹿不屑一顾。正是在这样严酷的环境下，九成雄鹿从未获得过任何交配机会。

在发情期间，无论是为了炫耀自己的领地，还是为了争夺心仪的雌鹿，夜以继日的打斗都是家常便饭，平均每隔两个小时就会来上一次。且不说这些炫耀和争斗有多么伤神耗力，更要命的是雄鹿根本没多少时间进食。在发情期结束的时候，幸存下来的雄鹿往往会损失掉高达 1/4 的体重，大约是 30 公斤，而这个时候它们饥肠辘辘、筋疲力尽，根本就顾不上满身的寄生虫，只能默默舔舐身上的累累伤痕：擦伤、淤青、骨折，还有各式各样的深度创伤。尽管立下了丰功伟绩，雄鹿们还是会被击垮！冬天即将来临，它们必须尽快在几周的时间内恢复健康和体重，否则就见不到明年的春天了。

罗恩·摩恩（Ron Moen）与约翰·帕斯特（John Pastor）则另辟蹊径，对驼鹿展开了研究。他们采用的方法是测量出一头鹿摄入了多少矿物质、碳水化合物、脂质以及蛋白质，数量精确到毫克，并将这些信息输入一个复杂的、基于脊椎动物生理学的生化模型，这样他们就可以通过计算确切地得知制造武器的代价，也就是需要从身体的其他部位分流出多少物质来供养武器的生长。结果是，在雄驼鹿的生长季，每天有 50% 的能量流向了鹿角，而在高峰时刻，这个比例可以达到近乎 100%。确切地说，鹿角的基本新陈代谢率是身体所有其他部位的两倍。将鹿角整个生长过程中所需的能量相加，就可以得到以下结论：鹿角的能量需求是身体基础代谢的5倍！

鹿角对蛋白质的需求也很旺盛，但这并不是一个限制因素，雄鹿们可以通过加大进食来获得补充。有意思的是，鹿角的关键营养物质在于钙和磷，二者对于鹿角的生长至关重要，也都不太容易从食物中获得。驼鹿和驯鹿都不约而同地采取了从身体其他骨头上"借入"的方式，否则实在满足不了对这两种矿物质的需求。既然无法从食物中摄取足够的钙和磷，那么就只能寻求支援,反正自己的骨头自己说了算。这种方式无异于透支，只是权宜之计，绝不能长久。等过了发情期，它们一定要通过进食赶紧把骨骼的亏空补上，否则就是自取灭亡，大事不妙。

鹿角对雄鹿的影响，就跟生育对雌鹿的影响一模一样：无论是雄鹿制造和使用鹿角，还是雌鹿生产和哺育两个后代，两者花在能量与营养上的成本是一致的。而鹿角的生长会显著降低骨量，使得雄鹿更加脆弱不堪、骨折频发。所以，鹿角的生长本质上就是一种季节性的骨质疏松症。发情期是最好的时期，也是最坏的时期；既充满了激情与血性，又弥漫着危机和险情。

雄性们在本该拿实力说话、使出浑身解数应对一个又一个残酷的争夺战的时候，却要担心骨骼是否坚固，这的确有雪上加霜的味道。对许多大型的鹿科动物来说，拜这种骨质疏松症所赐，争斗的结果不是死亡就是重伤。例如，雄驼鹿的肋骨和肩胛骨就极易断裂。雄驼鹿虽然大费周折争取到了繁殖机会，却足足有1/4深受骨折或者其他伤痛之苦，其中的6%更是会遭受不可逆的伤害。公麋鹿在发情期间因受伤而死的比例是4%，如果把时间拉长到公麋鹿的一生，在繁殖期内死亡的比例则上升到了令人触目惊心的 1/3。

摩恩、帕斯特和约瑟夫·科恩（Yosef Cohen），三位研究人员一同找到了一个巧妙的办法，将上述的研究扩展到了已经灭绝的大角鹿（Megaloceros giganteu），也有人称之为爱尔兰麋鹿（见图 7-4）。其实它跟麋鹿没有什么关系，也不是爱尔兰的特产，而是跟黇鹿血缘关系更近。这种动物是在大约 11 000 年前灭绝的，在此之前曾广泛地分布在欧洲、北亚、北非等地。相关的化石样品大多出自爱尔兰的湖底沉积物（这也是"爱尔兰麋鹿"这个绰号的由来），确切地说，是形成于阿勒罗德暖期（Allerød period，距今 1.2 万 ～ 1.1 万年）[1] 的化石。这种巨型动物生长着已知最大的鹿角，角宽能够达到 3.6 米，可谓是无人能及。

从骨骼化石中可以推断动物体形大小以及各部分的比例，拿到这些数据后，摩恩、帕斯特和科恩再将其代入模型，从而估算出供养这种超级巨角所需的消耗。不出所料，大角鹿在鹿角上的投入令人瞠目结舌，总量比北美驯鹿和驼鹿多了一半，每天所需的基础能量新陈代谢率则是北美驯鹿和驼鹿的 2.5 倍。钙和磷的消耗量尤其巨大，季节性骨质疏松的影响在大角鹿身上表现得特别明显。而这种物种灭绝的时代，正好与气候突变的"新仙女木冷事件"（Younger Dryas）吻合。根据推测，气温突降会降低食物的质量，雄鹿难以及时补充足够的钙和磷，维持这么大的鹿角很可能就非常困难了。

---

[1] 地球气候在过去几万年由冷转暖，经历了一系列剧烈波动，对各种生物，包括人类都有很大的影响。其中，距今 1.8 万 ～ 1.1 万年之间，全球经历了一系列气候突变事件，如阿勒罗德暖期和下文中提到的新仙女木冷事件等。

图 7-4　爱尔兰麋鹿与黇鹿

　　在阿勒罗德暖期，生活在柳杉林内的大角鹿并不愁粮草。然而，通过研究花粉记录发现，在阿勒罗德暖期的末期出现过一个短暂冰期，也即新仙女木冷事件发生期，那时气温大跌，植物种类也跟着发生了巨变，大角鹿的生存环境突然从茂盛的森林变成了贫瘠的苔原，日子一下子不好过起来，食物短缺愈发恶化。想想看，雄鹿每年为了制造鹿角，需要从自身骨骼内抽调大量钙和磷，就越是需要尽快从食物中获得补充。如果这种情况属实的话，大角鹿之所以逐渐衰败并最终灭亡，昂贵的鹿角也是始作俑者之一。

只有装备着最大个、最顺手且最精良武器的雄性动物，才能在繁殖竞争中脱颖而出。在凤凰公园里的黇鹿群中，雄鹿获得交配机会的比例是 10 比 1，而 73% 的交配行为被牢牢掌握在仅占 3% 的极小撮雄鹿那里。九成雄鹿会成为彻底的失败者。胜者为王，赢者通吃，这种极端情况加剧了性选择的激烈程度，竞争的导向就是体格要壮、耐力要强、武器要大。自然，对于那些能够登上金字塔顶端的佼佼者们而言，一俊遮百丑，只要能在繁衍后代上获益，即使它们在终极武器上的所有投入统统加在一起再巨大、再昂贵，也是物有所值的。而同样的装备，对于剩下的雄性们就得不偿失了。

表里如一

∪8

ANIMAL WEAPONS
The Evolution of Battle

动物武器

ANIMAL WEAPONS The Evolution of Battle

至此，动物多样性的宏伟画卷在我们面前愈发清晰，从中可以看到，军备竞赛这位画师一边在画卷上左涂右抹，一边给不同的物种装备了不同的武器。同时，军备竞赛也在细细勾画着每一个物种自身的演进。不同物种之间存在着差异，而其背后的机理同样也作用于同一个物种内部。不管是哪种身怀巨器的物种，军备竞赛的路线、阶段都如出一辙。殊途同归的现象数不胜数，通过研究一个物种，例如搜集甲虫的相关信息，我就可以预测到其他物种的表现，准确程度超出人们的想象。果蝇的角、丑角甲虫的长臂、独角鲸与大象的长牙，这些身体构造之间的相似性，可远不止"大"那么简单。但我们这里先把不同物种之间的相似性和差异性放在一边，来探究一下同一物种之内不同个体之间的差异性。

我们先从那些装备着重型武器的物种着手，来仔细观察一下其中的一些雄性个体。有一种隐藏在群体之内的模式正等待着我们去挖掘：不是所有的雄性都偏好重型武器。我们取 100 次样就会发现：大多数武器并没那么大。诚然，的确存在拥有怪异大角的雄性，而有些组织，比如伯尼库鲁齐特狩猎俱乐部（Boone and Crockett Club）[1]，一直在对这样的公牛和雄鹿进行着一丝不苟的记录。其实，伯尼库鲁齐特狩猎俱乐部能够坚持这么做，本身就是因为入其法眼的样本实在是非常罕见。大多数个体都恪守中庸之道，达不到值得记录的标准。

我们已经知道，性选择催生了终极武器，但实际上只有极少数可以成就登峰造极的全套装备，大多数的雄性个体都做不到。如果只要拥有了最大号的武器，便可以一帆风顺：百战百胜、妻妾成群、子孙满堂，那为什么不是所有的个体都能长出终极武器呢？原因很简单：供养不起！

如果想的话，我可以买一艘12米长的游艇。好吧，或许我买不起，但想想总归可以吧。那就来一艘阿兹慕40S型游艇（Azimut 40S）[2]，优雅的外形，时髦的流线，双发480马力的引擎，宽敞的起居室、主卧、客卧、厨房，当然，还有最新的导航设备，软硬件一应俱全。不过这可要40万美元啊，把我的房子和周围85亩土地加在一起都没有这么贵。不过，理论上来讲，如果真想要这么艘游艇，我可以将房子抵押贷款，月供是现在房贷的两倍，再搭进去我所有养家糊口的收入和一部分退休金，我就可以大摇大摆地出游啦。当然，把孩子养大、带狗看兽医、观赏电影什么的就别想了，总之，除了为这艘游艇打工，别的啥事都不用干了。我这

---

① 伯尼库鲁齐特狩猎俱乐部，由美国前总统西奥多·罗斯福于1887年与其他人一起创立，首次提出了"公平追逐"理念，对以野生动物保护为目标的国际狩猎运动有着深远影响。
② 阿兹慕是全球顶尖的休闲游艇品牌，40S是其中的运动系列。——译者注

动物武器
ANIMAL WEAPONS The Evolution of Battle

还没算上汽油费、码头停泊费，在平头湖（Flathead Lake）[①]里占上一席之地也需要花钱啊。但是，不管怎么样，我有了艘闪闪发光的游艇，可以挂在拖车后面，让邻居们都好好看看。

特德·特纳（Ted Turner）是美国有线电视新闻网的创始人，他就住在离我们家两个县城以外的地方。到目前为止，我还无缘碰到他，但我还是很想有此荣幸的。听说他是全美第二大"地主"，而我所知道的是，他做了一件了不起的大事：恢复了落基山脉一带退化的草原，还供养了一大群野牛。特德自己就拥有整个县的土地所有权，他自然可以信步走进一家商店，掏出现金，买下一艘 12 米长的游艇，或许买两艘三艘也不在话下。问题是，他不是一般人。在蒙大拿州的这块地方，每人的年均收入只有37 000 美元，对大多数人来讲，阿兹慕 40S 是可望而不可及的。

这些事像不像经济学的初级课程？道理浅显易懂，但意义事关重大。每个人对成本多少的理解是不同的。同样是买玩具，有些人会花多得多的价钱。40S 只是艘 40S，如果特德·特纳和我同样拿出 40 万美元交给经销商，看起来成本一样，但是，绝对价值并不代表全部。特德·特纳和我所拥有的资源在起跑线上就差异巨大。40S 的相对价值对我来说要大得多。买一艘 40S 对我而言意味着倾家荡产，对特德而言却是小菜一碟。所以，重点在于，一个人拥有的资源越少，他购买奢侈品所需付出的代价就越高昂。

动物的终极武器就是一种奢侈品，就好比动物界的游艇和兰博基尼。一般来说，所有的雄性都会尽其所能地制造最大号的武器。但是，不同个

---

① 平头湖，蒙大拿州最大的天然湖，从上往下看湖本身就像一个在修剪树枝的人，头顶上是平的，故此得名。——译者注

体所能支配的"资源池"的相对大小是不一样的，在资源有限的情况下，大多数雄性都只能退而求其次。

人类个体又何尝不是如此，每个人所能动用的资源都各有不同。极少数人继承了家族财富，被视作含着金汤匙出生的幸运儿，从小便顺风顺水：在私立学校里接受教育，接触最好的导师和医生，尚未工作就积累了丰富的人脉，毫无悬念地进入最好的企业，获得最有前途的职位。另一些人则苦命得多，在贫民区或破旧的公寓里长大，尚未接受高等教育就被迫早早踏入职场。最终，他们只能陷入收入微薄、前途渺茫的境地。而大多数人都介于两者之间，但同样在如何支配资源上左支右绌。

富人可以任性买房，无须举债。其他人就不得不举借外债了，还要向银行支付几万甚至几十万美元的利息，导致购房成本直线上升。事实上，收入越低，信用就越差，银行贷款利率就越高，所以最穷的人付出的利息比例往往最高，购房成本也更高。同样一艘40S，虽然标价一样，但特德·特纳是现金购买，而我是贷款支付，最终还是我付出的金钱更多一些。举例来说，如果30年期的贷款利率是5%，我的还款总额就是75万美元，足足比原价高35万美元！最终结果就是，所有这些因素都加深了阶层差异，导致贫富差距进一步扩大。

动物界同样不存在什么生而平等，不同的动物从出生伊始就在跟不同的资源池打交道。那些吃得最好、长得最壮的麋鹿一产下幼鹿，它们的后代就获得了与生俱来的优势。身体更重，意味着体内的营养储备更多和免疫能力更强。环境更好，则意味着安全无虞，水美草肥，生活轻松。其他的幼鹿则没有这么好的运气，从它们的父辈起就生存质量不佳，到了它们这辈，更是受尽各种窘迫。体型小、身体弱、环境差、发育缓慢，它们很容易就会落后于同辈。在食物竞争中它们几乎总是落于下风，这反过来进一步削弱了体质。与日俱增的生活压力又使得它们染病的风险大为增加。从而，在这个过程中，随着体型上的差异被进一步拉大，优势个体与从属个体、大型个体与小型个体之间的鸿沟越来越深。在同一代麋鹿中，也许它们出生时的差异还不明显，但等到成年时，这种差异就仿佛是天上地下了。只有极少数的个体才有本钱和能力制造出用来耀武扬威的大型武器。

我买不起阿兹慕 40S，实在是因为我不能倾其所有。除非我对家庭毫无责任心，否则我决不能拿房产权益或退休账户来抵押。我更不能把每月还贷、养护汽车、缴付税金、一日三餐的钱都拿出来买这么艘游艇。我的资产净值的大部分已经各有所属，只有从收入中将各种固定支出刨除掉，也就是可自由支配资产（discretionary funds），剩下的才是我可以随意动用的。当然，这种"随意动用"只是理论上的。问题在于，我的"可自由支配资产"已经所剩无几，一艘 12 米长的游艇对我来说过于奢侈了。所以，整个资源池或者全部资产有多少并不重要，重要的是因人而异的可自由支配的资源或资产。

动物们也遵循同样的取舍之道。有一些基本的需求必须被优先保证，例如能量必须首先用于维持基础新陈代谢的生命活动：心跳、肌肉收缩、消化道和大脑的运作等。所有的这些核心机能都需要消耗卡路里和营养物质，这些资源是必须付出的代价，容不得任何讨价还价，否则动物就必死无疑。只有超出维持生命所需资源的那部分，等同于生物学意义上的

"可自由支配资产"，才可以用于奔跑、争斗或者用来制造大型武器（见图8-1）。其实这就是为什么武器总比身体其他部位的生长来得晚。牛角、鹿角、爪子、獠牙等，在发育过程中并不突出，只有在雄性个体快成年的时候才会突飞猛涨。这时候，身体已经长成，没有后顾之忧了，这样才能优先满足基本生存的需求。只有多余的资源才能够拿来分流到武器构造上去，如果说还剩下什么的话。

图 8-1　晚来的武器成长

同理，武器并非生存的必要条件，其生长也需要依赖可自由支配资产。例如，在很多物种中，雌性和小型雄性动物，都没装备什么武器，可照样过得好好的。武器可有可无，身体其他部位则缺一不可。这种鲜明的对比同样表现在，与身体的其他部位不同，武器的尺寸对资源多少要敏感得多。

几年前，我和我的同事曾经做过一个测试，主要是采取一定的措施，使正在生长中的独角仙幼虫无法得到正常的食物数量。通过限制营养物质的摄入，我们控制了供养雄性独角仙发育的资源总量，这样我们就可以通过测量得知不同的身体部位对资源数量的敏感程度了。

独角仙以腐烂的木头为生。我们将锯木屑放在一个巨大的堆肥器里发酵，混合以适量的陈年枫叶，然后就等着这些人工饲料成熟了。一个月后，饲料变成了巧克力色，闻起来还有雨天里溪水边繁茂的树林里的气味，而这正是甲虫们的最爱。这项测试中的甲虫个头都挺大（独角仙幼虫一般都有老鼠大小），我们把其中的一半放入半升大小的小罐子，另一半放入4升左右的大罐子。两种罐子里都装满了饲料，唯一的不同是每只幼虫所得到的食物数量。又过了几个月，成年甲虫们从罐子中鱼贯而出，我们则对其逐个加以测量，对两种饲养环境下的雄性甲虫的生长状况进行比较。

不出所料，营养物质的多寡对甲虫的生长影响巨大。我们将食物短缺环境下的甲虫和食物充足环境下的同类进行了比较，发现食物短缺的甲虫生殖器的尺寸短了7%，翅膀和腿部则小了20%，而甲虫角之间的差异几乎有60%。这说明甲虫角的生长对营养物质的敏感度差不多是翅膀和腿部的3倍，更是生殖器的9倍。

所有大型武器都对营养物质极为敏感。正如中了彩票的土豪会搬进大房子一样，那些被人工饲养、好吃好喝的雄甲虫成年后体型也会更大，尤其是长出更大的角。可要是它们处于饥荒状态的话，结果就截然相反了。只要食物充足，雄蠼螋的尾钳和雄果蝇的眼柄都会更长，鹿角、麋鹿角和野生山羊角也概莫如此（见图8-2）。

图 8-2　相同年龄段的麋鹿和甲虫个体

摄取食物，就像是在给雄性动物的金库充值，源源不断地进来再留待后用。**节余越多，可自由支配的资源池越大，才能供养得起大型的武器；但如果单单是维持基本需求就已经掏空了金库的话，制造武器就更是天方夜谭了。**

基于同样的理由，武器的生长对另一个因素也极其敏感：疾病。传染病可以榨干资源库中的一切。如果一只雄性动物在发育时期得了病，它就再也不能随心所欲地制造武器了。寄生虫会破坏生物组织，病原体会攻击免疫系统，而这一切都需要调动储备资源加以应对。在这个过程中，率先受到冲击的，自然是像武器这样的身体构造。例如，与健康的个体相比，一头病恹恹的鹿身上长着的鹿角就要小很多，而南非黑色大水牛的牛角和招潮蟹的螯钳也有着同样的特点。

凡是武器，必定昂贵。养成武器需要异乎寻常的资源投入，维护、携带以及使用武器更是少不了源源不断的资源补充。环境反复无常，一点点的变动都牵动着武器尺寸的变化。

对人类而言，最大型、最精良的武器一定是贵得离谱，能够拥有它们的人必定是非富即贵。全副武装的中世纪骑士就是一个突出的例子。骑士的生活状态应该至少是衣食无忧，不必担心谋生问题。任何一个雄心勃勃想要成为骑士的少年，从培训到实战，时间跨度都是动辄十几年，而且需要全身心的投入。没有雄厚的财力做基础，想当骑士绝对是痴心妄想。这样一来就把绝大多数年轻人都排除在外了，试想一下，一个地主家的佃户怎么可能有这样的条件。而即便是在有资格走上骑士之路的贵族阶层里，不同的见习骑士也不一样：别忘了，拜先辈骑士做导师的花费也讲究"一分钱一分货"啊。

骑士们奋战沙场之时，需要靠层层战衣来保护，每一层都精心制作、价值不菲。最里面是厚厚的由粗纤维布料制作的、填充着亚麻和马鬃的衬垫，这种被称为阿基顿（aketon）的软甲可以抵御冲击。在它上面是一层锁子甲，环环相扣的铁环密实地叠在一起，专门用来对付刀刃的砍杀。最好的锁子甲都是量身定做的，每一个接头都非常圆滑贴身，丝毫不会妨碍骑士的左突右杀。再往上一层才是真正的盔甲。在制作盔甲的时候，专业的技工会先将每一块金属板倾力打造成型，再小心翼翼地将金属板铰接在一起。完工后，盔甲就可以包住骑士的肩部、肘部、腿部，甚至还有胸部和头部了。

盔甲的质量参差不齐，有时甚至是天壤之别。最有钱的骑士拥有自己的专用盔甲技师，可以采用最优良的板材，进行最细致的定制，从而达到"人甲合一"的境界。其他没有这么强财力的骑士则只能从市场上购买盔甲，价格虽便宜些，但由于出自量产，都是"标准件"。如果不合身，那么这些骑士在行军或策马杀入战场时会觉得很别扭，行动也会受限。在最外面，骑士们会再披一件精致华丽的战袍，上头自然少不了装饰性的纹章或其他标志性符号，这样才算最终披挂完毕。当然，最好的战袍也是精心定制、千金难买的。

骑士还需要花钱买骑枪，要知道，战斗中骑枪的损耗可是很大的。除此之外，他们还要购买长枪、长剑、匕首、硬头锤（mace）、盾牌等。当然，还有战马，这一项最重要也最昂贵。最好的战马一定是为战斗而生的品种，高大、强壮、迅疾、可靠。其中最稀有、最珍贵的战马被称为"德斯提尔马"（destriers）。这种马从小就被加以训练，能够对主人任何细微的命令做出反应，行走起来永远是一条直线。想想看战场上的情景：周围是此起彼伏的尖叫声、喊杀声，而眼前随时会冒出个挥舞着斧头和棍棒的步兵。在这种混乱不堪的情况下，任何犹豫不决都将引来杀身之祸，所以战马必须要能够泰然处之、勇往直前。饲养、训练达到这种要求的战马需要大量金钱，即使是最富有的骑士也只能拥有 3~4 匹以听候调遣。

战马不能裸奔，也需要有防护性的甲胄在身。由于马比人大太多，其甲胄的造价比骑士身上的更贵。从最内层的衬垫到马用锁子甲、马用板甲，再到最外层花哨的马衣，统统都是标配。自然，最好的装备也是贴身定制，既不会阻碍冲杀，又可以保护战马不会被盔甲本身所伤。

等这一切万事俱备了，骑士们每年都要花好几个月时间出来遛遛，展示一下派头。他们随身带着花式帐篷，以及一车车的衣物、装备、地毯、厨具、家具，一应俱全。马队里的驮马除了运送辎重，还要供众多人员骑乘：随从、学徒、仆人、厨师等。骑士要靠什么来彰显自己的卓尔不群？战马的血统、帐篷的大小、衣物的花式、甲胄的质量、随从的多少，一切都是展示手段。制作华丽、精良的盔甲很重要，就像甲虫和麋鹿的角一样，骑士的地位和财富就是通过这些体现出来的（见图 8-3）。强大的战斗力要求骑士训练有素、灵活机动、防御有力，只有质优价高的盔甲才能与之相配，所以我们说，从一位骑士的外表就可以看出其战斗力的强弱。

我们再回到动物的武器。武器的尺寸反映了雄性动物是否健康、营养是否充足、生存条件是否优越，当然，也反映了其基因质量的优劣。所以，武器尺寸是一个评估战斗力的有效手段，一种由表及里的视觉信号。身体的其他部位固然也会有所不同，例如最强的公麋鹿会更高大些，头部会更大些，尾巴会更长些，但真正受到众生瞩目的，还是武器，原因有二。

图 8-3　装备齐全的骑士

动物武器

ANIMAL WEAPONS The Evolution of Battle

首先，武器的尺寸才是能够在不同的个体之间拉开差距的因素。没有哪一只麋鹿的身高会是 0 厘米，所有的麋鹿都有躯干和肌肉，但有很多麋鹿是不长鹿角的。与身体的其他部位不同，武器的尺寸可以是零，也可以巨大无比，雄性个体之间的差异非常显著。比起找出身高上几厘米的差异，区分出 1.5 米长的鹿角和 15 厘米长的尖叉要容易得多。换句话说，雄性动物在体型和战斗力上的一点点差异，都在武器的尺寸上被放大了。

其次，武器这类的身体构造都比较大，在任何动物身上都是显眼的突出物。我们不妨认为武器就是雄性动物展示自己有多么威猛强悍的广告牌。最为难得的是，这个广告牌客观公正。正如我不可能去打肿脸充胖子地买一艘阿兹慕 40S，一头弱小的公麋鹿再虚张声势，也无法像变魔术一样变出一个耀武扬威的鹿角来。

为了把话说得再清楚些，假设我真的不顾一切地买了一艘阿兹慕 40S，我还是掏不起注册游艇的钱，买不起驾驶游艇所需的燃料，哪天万一擦碰点外壳我都无力维修。同样，一头境况不佳的公麋鹿，就算是不自量力地长出了一副大个的鹿角，它也没法使用。它的体型支撑不住这么大的鹿角，其爆发力、耐久力以及能量储备统统都是短板，在实战中恐怕连挥舞一下鹿角的机会都没有。这样的鹿角，真是白长了。

大型游艇就和大型武器一样，成本会随着尺寸呈指数级增长。人们总是倾向于购买他们能够承担得起的最大号游艇。下次你在港口、码头溜达的时候，可以停下来一会儿，看看人们为了消遣都买了多大的游艇。迷你艇、中型艇、大型艇，偶尔才会有一些超大型游艇鹤立鸡群地停在专用泊位上，就像是一座 45 米长的浮动宫殿。游艇也是身份地位的象征，究其原因，就是因为游艇的尺寸可以清晰无误地反映主人的财务状况。

雄性动物总是尽其所能地制造武器，但不同个体所掌握的资源多少差异很大，导致武器的尺寸千差万别。这点还起到了一个很实用的效果，武器就仿佛是一面镜子，恰到好处地反映出了物种的健康状态、战斗能力以及整体实力，雄性对手们在互相打量对方的时候，可以依据武器大小进行充分的实力评估，以决定到底是偃旗息鼓，还是要将对峙升级为对决。

不战而胜

9

ANIMAL WEAPONS
The Evolution of Battle

突然之间我醒了，帐篷里湿乎乎的，还鼓鼓囊囊地胀成了一团贴到了我脸上。我一骨碌坐起来，却发现四周的尼龙布也跟着挤了过来，轻轻地贴着我的手腕和膝盖。我居然还听到了汩汩的水声和嘶嘶的汽声。什么状况？我是待在一张巨大的水床上吗？可我明明听到外面有雨水拍打帐篷顶和四壁的声音，一定是暴风雨来了。但好像又不仅如此。对了，是波浪。我们完全被波浪包围了。不知道为什么，今晚的潮汐比往常大，波浪冲上海岸的时候，顺便把我们的帐篷给吞没了。

黑暗之中，我们赶紧跳离帐篷。外面果然是倾盆大雨，积水很深，我们的小腿肚子都深深地淹没在温暖的水里了。我们三个人各拽着帐篷的一角，一顿生拉硬扯将帐篷连根拔起，却看到睡袋还挂在帐篷底部，已经将支撑用的框架压弯了。我们一边为陷入这种荒唐的境地歇斯底里地大笑着，一边赶紧把这个还在滴水的玩意儿抬离海岸，向高处冲去。后来过了一个星期我们才听说，就在那天晚上，一场半径达几百公里的飓风正朝北而去，引发了创纪录的大潮，恰好让我们碰了个正着。

撇开那次浑身湿透、狼狈逃窜的经历，那个夜晚其实是我人生中最为奇妙的一晚。我、我的妻子凯莉，还有好朋友莉莎，是从一本旅游指南上知道这片位于哥斯达黎加的原始海滩的。由于要徒步走上 8 公里才能到这儿，除了个别狂热的冲浪者，我们几乎独享了整片海滩。这里风景如画，蓝海白沙，水天相接，棕榈摇曳，待在这儿就像住在明信片里一样。我们游玩了一下午，然后就开始搭建宿营地。帐篷是特意放置在树林边上的，因为这样我们就可以直接坐在帐篷里看大海了。夜幕降临，我们静待大戏开场。

方圆几公里内都没有灯光和建筑物。周围漆黑一片，天上繁星点点。海浪也在闪烁，翻滚的水波里蓝绿色的磷光绚丽夺目。每一道波浪冲过来，都先向空中送入一团绿莹莹的灯火，再落到海岸上，化作沙滩上四处游走的、闪闪发亮的泡沫。一波又一波，沙滩上一次又一次地激荡着绿色的光芒，夜晚也一次又一次地被波浪点亮。借助这些磷光，我们在夜晚里跳跃，倏然发现脚印里、鞋底上都染上了绿光，我们索性就在沙滩上以脚代笔，即兴创作起荧光画来。

在如此充满活力的海岸线上，我们尽情跳跃，但我们并不是那里唯一的玩家。神出鬼没的幽灵蟹（ghost-white crabs）在沙滩上飞掠而过，像一枚枚硬币大小的子弹在飞舞。这类小型螃蟹住在水边的碎石之中，发光的泡沫一边打转，一边把点点荧光粘在它们身上。在海岸朝向内陆的这一侧，成千上万个指头大小的地穴遍布海滨，呈网格状间隔排列，彼此相距大约有 30 厘米。每个洞口旁都有一只幽灵蟹来回徘徊，保持着高度警惕，一有风吹草动就立刻躲入洞内。还有同样成千上万的幽灵蟹在旁边游荡，慌慌张张，仿佛要赶到什么地方去，事实上只是偶尔跟某个地穴的主人干上一仗。如果我们保持身体不动，它们就会在我们两腿中间，甚至是脚指头上冲来冲去。

我们正在目睹的奇观虽然鲜为人知，但实际上这样的热带海滩在太平洋、大西洋和印度洋沿岸到处都是。这类小型的甲壳斗士已经在沙滩上对峙了无数个日日夜夜，单在这一片海滩上，一个晚上就会发生上万次战斗。其实，幽灵蟹、招潮蟹之类的并不难找，任何人只要在沙滩上观察一会儿，就可以发现它们。人们之所以对其熟视无睹，只是因为很少有人愿意花时间仔细观察它们的一举一动。

但是有人愿意！而且坚持了超过 35 年，他就是约翰·克里斯蒂，长年来致力于对招潮蟹进行研究。他花了数不尽的时间，在巴拿马的海滩和滩涂上将招潮蟹们的打斗、求偶一一看在眼里。20 世纪 70 年代时，约翰还是一名博士生，独自居住在佛罗里达的沙罗特港湾（Charlotte Harbor）里的一个小岛上，每日与其作伴的是一只宠物鸟——滑嘴犀鹃（smooth-billed ani），当然，还有一大群招潮蟹。作为一个穷学生，他设法说服了附近一个野外研究站的负责人，同意他免费住在这个小岛上。就这样，约翰入住了岛上唯一的人造建筑物，尽管缺乏电力和管道，他还是把一座铝合金预制板房当成了家。600 米长，300 米宽，这个芝麻点大的地方叫作魔鬼鱼礁（Devilfish Key），炎热、潮湿、蚊子成群，跟我们上文中提到的哥斯达黎加天堂般的海滩比起来，简直就是地狱。吸引着约翰的，正是这片小小海滩上数以百万计的招潮蟹。

没有游客会光顾魔鬼鱼礁，正因如此，约翰得以大展身手。他在沙滩上插下了几百面彩色小旗，把螃蟹洞的位置标注得一清二楚。他还顺着螃蟹洞挖下去，查明了洞有多深，还看过了里面是不是有母蟹正在抚育后代。那时候，万能胶刚刚被发明出来，他就拿来在500只螃蟹的背上贴上了各色标签，用来记录下每只螃蟹身体和螯足的大小，谁接近了谁、近距离对峙时又如何互动、是否起了冲突、谁赢谁输以及谁能交配成功。而约翰最想搞清楚的，还是这帮招潮蟹的巨螯到底有多厉害（见图9-1）。

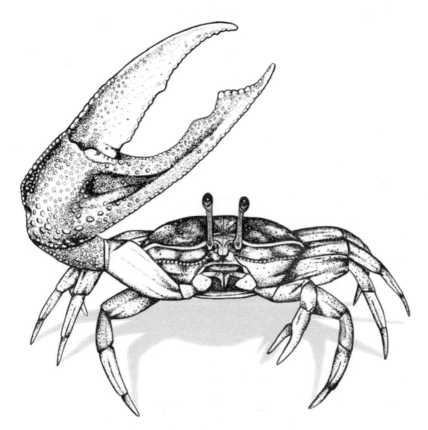

图 9-1　挥舞着螯爪以吓阻对手的雄性招潮蟹

结果有些令人失望，巨螯更像是用来挥舞的旗帜。上上下下，再一次上上下下，招潮蟹只是不厌其烦地一遍遍将螯爪举起、放下。一分钟几十次，一小时几千次，周而复始。冲突激烈的时候，螯爪的确很好地充当了武器的角色，坚硬的爪子可以给对手以致命一钳。不过，在更多的时候，螯爪只是一种宣示的手段。两只招潮蟹在整个对抗过程中，每一次直接的对打或许只能持续几分钟，而前前后后比画螯爪的时间却有几十个小时。所以，真实的情况是，在大多数时间里，螯爪最大的作用是吓阻而非战斗。显然雄性招潮蟹们的共识是：不战而屈人之兵，善之善者也。

对手之间决一雌雄的最好方式当然是真刀真枪地干上一仗，只要使出浑身解数、背水一战，结果自见分晓。问题在于，危险无处不在，有时稍微分那么一点神就会祸从天降。招潮蟹的外骨骼很发达，内斗时足以自保，可是常常还有海鸥和拟椋鸟在旁边虎视眈眈。再想想看雄性之间的争斗都发生在什么地方。以大角羊和野生山羊为例，它们以头撞击、缠斗在一起时，脚边就是陡峭的悬崖，可谓是步步惊心，稍有不慎就会粉身碎骨，哪怕只摔断了腿也是灭顶之灾。正是基于这个原因，打斗中的雄性还要时刻注意敌我双方的位置。分神，只会犯下一失足成千古恨的致命错误。

战争本身是残酷无情的。公海象经常以伤痕累累的形象出现在人们面前，我就曾亲眼目睹一只海象身上挂着约两米长的皮肉，战争的后果令它痛苦不堪。很多动物的角上都有分叉，这种分叉用来抵挡、躲避对手的攻击很有效，但有时也会出现分叉锁死在一起的现象，一旦如此，争斗的双方只能无助地缠在一起等死。独角仙外壳上的孔洞更是比比皆是，而这都拜对手角上的倒钩所赐。獠牙的攻击力惊人，既可以刺穿皮肉，又可以击碎骨头，从而造成深度创伤和感染。有战争就会有伤亡，火线负伤司空见惯，虽然惨不忍睹，却也理当如此。

所以，是否存在一种"兵棋推演"，可以不必经过实战便可预知结果？如果一只雄性动物能够觉察出它的胜算很小，那么它是不是可以主动选择甘拜下风、一走了之呢？而且，如果它这么做了，表面上看起来是放弃了交配的机会，但同时也获得了择日再战的可能性呀！能够取胜却依然弃战当然不可取，但放弃没有把握的战斗，也就意味着保存了体力，节省了时间，还降低了风险。这点对于战争中相对弱势的一方尤为重要，"识时务者为俊杰"嘛！当然，竞争的双方都需要一种简便的方法，例如，一项一目了然的、可以与潜在对手的战斗力相对应的指标，用于评估对手实力并预测胜者。

那招潮蟹是怎么做的呢？它们会仔细打量对方螯爪的大小。螯爪在身体上所占的比例很大，色彩一般都很鲜亮，很容易辨识。同时，螯爪在不同的个体之间也能造成足够的差异性，可以很小，可以很大，也可以是很大和很小之间的任意尺寸。与所有的大型武器类似，螯爪的生长对寄生虫、疾病、营养等因素非常敏感，谁能最终造出较大的武器，谁就更有可能取得胜利。螯爪，顺其自然地成了受人瞩目的评估标准。

招潮蟹们的恩恩怨怨都围绕着地穴展开。雄蟹是地穴的所有者，它们一有空就会不断地清洁、打扫地穴，孜孜不倦地使地穴更宽敞、更完美。这一切都是为了迎接雌蟹的到来。雌蟹会首先圈定一系列雄蟹，然后挨个检视它们的地穴，最后从中选出一个最心仪的作为它们的洞房。云雨一番后，雌蟹就会闭关几个星期，在地下专心养育后代。雌蟹如此讲究从一而终，在确定洞房前一定是精挑细选：隧道的尺寸要合适，地势也要恰到好处：距离水面要足够高，高到最大的浪头打过来，地穴里也不会遭水灾；还有地穴深度要足够深，深到地穴的底部能够始终保持湿润。

雌蟹此番做派，雄蟹自然不甘示弱，最终，那些能让雌蟹瞧得上的地穴，一定掌握在那些装备最精良的雄蟹手里。不管什么时候，我们一眼望去，都可以看到沙滩上密密麻麻地铺满了"警戒蟹"，它们各自把守住一个洞穴，那阵势就仿佛将自己牢牢地拴在了洞口，而那舞动的螯爪就像是迎风飘展的战旗。除了这些枕戈待战的"警戒蟹"，沙滩上还爬着数不清的无洞可守的"流浪蟹"。有趣的是，同一只招潮蟹在这两种角色之间还会来回变换。招潮蟹的食物都在水线以下，所以"警戒蟹"是无法进食的，它们只能依靠能量储备过活，而储备早晚有用完的那一天。最终，哪怕是最强壮的"警戒蟹"也会筋疲力尽，被迫弃穴而去，毕竟不能不食人间烟火啊。它们只能眼睁睁地看着洞穴被后来者占去，自己顷刻之间变成了"流浪蟹"。没关系，补充体力，择日再战，总有机会重整河山的。

基于招潮蟹们庞大的个体数量，一个海滩上总计大概会有几十万只螃蟹，还有每只螃蟹的角色转换，所以雄性螃蟹之间的对抗可谓是家常便饭，其总体数量更是惊人。如果一只招潮蟹有幸拥有了一座地穴，那它就要做好准备每天应对数百次挑战。每次对抗，结果要么是"我自岿然不动"，要么是"城头变换大王旗"，而如果每次得到这样的结果都需要经历真刀实枪的苦战，那沙滩上早就血流成河了。所以，实际情况并不是这样，招潮蟹们深谙武器之道，大多数战斗还未开始就已经结束了。

我们可以从一只"流浪蟹"的视角来观察它四周的沙滩，这个视角与招潮蟹立于眼柄之上的眼睛持平，离地大约二三厘米。举目望去，周围全是在地平线附近上上下下的螯爪，起落不止，炮火不断 ①。"流浪蟹"不会贸然出击，更不会看到一个地穴就冲上前去。"流浪蟹"也不会玩瞎猫碰死耗子的游戏。它迂回，它抉择：更大的螯爪总会举得更高吧，所以招潮蟹只会选择与自己的螯爪差不多或略弱一些的目标。做到这一点可不简单，这意味着招潮蟹对自己的实力有清楚的认识，否则它怎么能远远地就知道某些螯爪太大，招惹不起呢？同时，这意味着招潮蟹可以审时度势，及早从获胜无望的争斗中脱身。因此，在招潮蟹的世界里，大多数冲突都硝烟未起、胜负已定，这就是威慑的作用。

只有当雄蟹找到了一个尺寸相当的对手时，战争才会发展到下一阶段。一旦某只"流浪蟹"下定决心、选定对手，"警戒蟹"就会迎头还击。第一个回合，只见"警戒蟹"螯爪前伸，"流浪蟹"以爪相抵，双方就这么轻轻一触。如果入侵者觉得力不可支，或者发觉预判错误，对方的螯爪实在太强，就会在这第一个回合里败下阵来。如果觉得尚可支撑，那么双方就开始加力，展开第二个回合的较量。双方都以螯爪来回滑动、摩擦、推搡，开始进一步的试探。除非是两者的确势均力敌，否则在这个回合里，往往就会有一只相对较弱的招潮蟹主动投降，退出战斗。

假如双方都挺过了这两个回合，冲突就将再次升级。这一次的暴力色彩要浓重得多，无论是谁都会使出全力来推搡对方，螯爪也会再次派上用场，以紧紧地钳制住对手。到了最后，如果仍然难分难解，双方都会杀

---

① 这像不像是"流浪蟹"在打移动靶的情景？

心大起，再也不讲究什么章法，而是纷纷使出"杀敌一千，自损八百"的招数，连撞带抓、生拉硬扯。在这个时候，"警戒蟹"或许会借助地利，退回洞内，以此躲避入侵者不达目的誓不罢休的连续打击。

如果还是没有任何一方认输，战争才会真正进入你死我活的阶段。双方都狂怒不已、以命相搏，丝毫不顾巨大的能量消耗和种种严重后果。所幸，打到这个份上的战争实属少见。比起海滩上无穷无尽的雄性冲突来，真正意义上的短兵相接实在是太少了。如果我们凑巧看到了两只招潮蟹之间发动的一场全面战争，别忘了同时还有更多的成百上千次冲突是以和平协议的方式解决的。招潮蟹并不是好战的种群，虽然按照身体比例而言，它们拥有动物世界里最大型的武器，但螯爪的主要作用是战略威慑，而非战术实战。

有些雄性动物深谙兵法，并不蛮战。它们很清楚，如果一味不自量力，硬着头皮不肯示弱的话，结果只能是战不逢时，自取其辱，甚至是自取灭亡。它们善于抓住任何可以辨别对手战斗力的蛛丝马迹。**只有在战前知己知彼，确保得大于失，只打有把握的仗，才能够最有效地利用自身宝贵的资源。**

与招潮蟹类似的是雄性竹缘椿象（bamboo bugs，见图 9-2），它们也是将武器优先用于威慑，偶尔才投入实战。这里说的武器是它们体侧的后肢，粗壮、有力、带有尖刺，可以刺穿表皮并碾压对手。竹缘椿象对峙的场景是这样的：雌虫们浩浩荡荡地聚集在竹笋之上，跟随在雄虫后面组成家属声援团；而雄虫则摆出英雄护美的架势，一旦有入侵者靠近，雄虫就会张起后肢，在对手面前左摇右晃以示威胁。通常情况下，它们会吓唬吓

唬对手就点到为止，只有在敌我双方实力过于接近的情况下，仗才会打
起来。

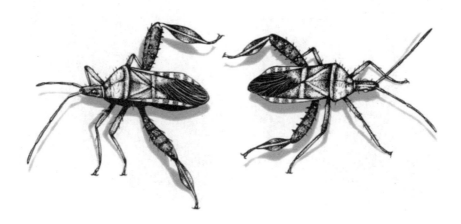

图 9-2　挥舞武器的竹缘椿象

野生山羊也是如此。在有蹄类动物中，野生山羊的角最大，但主要
也是拿出来秀肌肉用的（见图 9-3）。公山羊热衷于互相攀比、炫耀角的大
小，有时它们会并肩竞跑一会儿，但更多时候还是像拳击陪练一样，虚晃
一拳了事。真正卯足了劲、死命相撞的机会少之又少。

北美驯鹿更是如法炮制，在采取战争手段前慎之又慎。一项持续两
年多的研究表明，在 11 600 多次雄性北美驯鹿之间的小冲突中，只有 6
次升级为了大争斗，这个比例连 1% 的 1/20 都不到。对那些体型最大、
身体条件最好的雄性动物而言，武器的威慑作用立竿见影，仅仅是彰显一
下武器的存在就足以吓阻所有的挑战者了。而对那些持有中型或小型武器
的雄性个体而言，战争或许不可避免，但也只在条件相同的等级上进行。

图 9-3　野生山羊互相打量对方的武器大小

　　大自然给出了一项妙趣横生却又意味深长的悖论：越是先进的武器，使用的机会越少。

　　威慑，是军备竞赛的必经之路。武器尺寸越大，代价越高昂，能够担负得起的雄性就越少，动物界里的"贫富差距"也就越来越大。同时，随着武器进一步向极致化的方向发展，雄性动物间"有产"与"无产"的裂痕更是越来越深。贫者恒贫，富者愈富。在这个过程中，武器本身作为一种可信、可见的标志信号的地位越来越稳固，威慑行为也愈演愈烈。

威慑行为也反过来促使武器的演进速度越来越快。 只要武器本身成了一种公认的战斗力标志，武器终极化的动力就会得到进一步激励，而且现在雄性动物们有了两个选项：要么战无不胜，要么不战而胜。既然成功的威慑行为可以带来和战争一样的好处，那么为什么不追求这种大型武器带来的红利呢？

当然，别忘了，对武器尺寸碎碎念的可不只是雄性。在很多物种中，雌性也把雄性的武器尺寸当成一个大事。为什么会这样？或者说，为什么不呢？武器就是一个活脱脱的雄性品质展示牌呀！这种例子比比皆是，例如，雌蟹更偏好接近那些螯爪更大、颜色更鲜亮的雄蟹；母突眼蝇更偏好眼柄更长的公蝇；雌性螽蟖更青睐尾钳更长的雄性；马鹿也好，转角羚羊也罢，那些角更大的雄性都毫无例外地呈现出更强的性吸引力。哈！我们又发现了大型武器所带来的另一项红利。

最后一点，正如战前的兵力评估——威慑行为的本质，强化了雄性竞争中"一对一"的特征，对军备竞赛的发展也同样起到了催化作用。从某种意义上说，"反复打量对方"的行为，就跟以前我们讲到的枝条或隧道一样，都会迫使雄性动物采取对决的手段。即便争斗发生在开阔区域，比如说北美驯鹿和羚羊，对手也一定是在一系列的相互评估后被双方一致选出来的，一旦正式开打，那就必然是一对一的白刃战，正所谓棋逢对手，将遇良才。而战争的结果呢？只能是装备更胜一筹者赢。

动物武器
ANIMAL WEAPONS The Evolution of Battle

武器越大，就越需要以威慑的力量不战而胜；反过来，威慑力量的体现也需要武器越大越好。就这样，军备竞赛和威慑行为互相驱动，在螺旋上升的进化之梯上越走越远。见过花样滑冰运动员吗？他们将胳膊拉向胸前时，转速会越来越快。终极武器的发展就和冰上旋转一样，都在变本加厉。

大英帝国在鼎盛时期统治着全世界 1/5 的人口，殖民地和领土遍及全球。对一个岛国来讲，之所以能够有此赫赫威名，完全取决于其皇家海军所取得的绝对制海权。在整个 18 世纪和 19 世纪，英国皇家海军一直雄霸全球，所凭借的就是那些连绵的海上堡垒：以高耸的桅杆和实心橡木制成的、装满了大炮的巨型风帆战列舰。

战舰的造价不菲，仅单艘 74 门炮战舰（seventy-four-gun ship）①的船体就需要 3 500 棵橡树，而且全部都是树龄在 100 年以上的成熟硬木，而单艘 100 门炮战舰则需要 6 000 棵！在欧洲，森林已经被砍伐得差不多了，要进口这些木料，必须掌控强大的海上航线和众多的殖民地网络。而实际上大多数时候，战舰都是在殖民地就地组装的。支撑一支海军还需要造船厂、修船厂、工程师、造船工匠、修船工匠、船工、大炮、索具、受训过的军官、水手……所有这一切都需要雄厚的实力支撑，仅凭这一点，就足以使绝大多数国家望洋兴叹了。所以，舰队规模、战舰尺寸都成了国家战力的象征，成为完美无缺的威慑手段。

---

① 按照 19 世纪英国海军当时的分类标准，74 门炮战舰是主力战舰，属于三级舰。

两国海军相遇，其实和招潮蟹一样，战舰总是找与其相配的对手交战。己方舰队一字排开，以最大的战舰为首，其余的则按照级别和大小顺序组队。敌方舰队也如法炮制，照样也有一艘领头战舰。两支舰队之间，哪一方大型战舰的数量越多，重型战舰的阵型排得越长，优势就越大。就算是战线被打乱了，两军陷入混战，战舰们仍然还是物以类聚。大型战舰固然可以一举灭掉相对小型、低级别的战舰，但是它们的体量决定了其速度上的劣势，低级别的战舰借此只会逃之夭夭。同理，中型战舰固然可以摆脱大型战舰的魔爪，但又追不上小型战舰。最终的结果一定是，所有的战舰都会寻求与自己同级别的对手决战。

海军中的旗舰是舰队中的一级舰，是当时条件下吨位最大、火力最强的战舰，在与相对较弱的战舰交手时，一次单侧火力齐射就能将对手化为齑粉。作为军事力量的象征，其巨无霸的外形极具震撼力，任何人只要看一眼就会为其折服。不管在地球的哪一个角落，不管发生了多大的麻烦，将这样的一艘战舰随便往港口一停，一切暴动或者纠纷都会被平息下去。

在其他国家连一级舰的影子还没见着的时候，英国已经常备着几十艘这样的大杀器了。举例来说，在拿破仑战争（Napoleonic Wars）[①]期间，英国皇家海军拥有的 74 门炮及以上级别的战舰就有 180 艘。西班牙、荷兰、法国的海军曾多次试图争夺海上霸权，但由于无法与英国匹敌，最终都臣服于皇家海军。在 19 世纪的大部分时间里，即所谓的"泛不列颠时代"（Pax Britannica），绝大多数的局部冲突都在皇家海军的"淫威"下烟消云

---

① 拿破仑战争，指拿破仑称帝统治法国期间爆发的各场战争，它促使欧洲的军队和火炮发生了重大变革。19 世纪规模最大的海战都发生在拿破仑战争期间。

散了。这又让我们想起了招潮蟹和北美驯鹿，大型武器的威慑作用再次发挥效力，强权下的和平得以维持了很长时间。

时至今日，最新式的武器仍然是一如既往的成本惊人，也仍然是只有最有实力的国家才担负得起。尼米兹级（Nimitz-class）核动力航空母舰就是一个极好的例子。它的船身超过300米长，吃水量超过10万吨，上面可以承载90架战斗机、多枚防空导弹，以及超6 000名船员。母舰本身造价达45亿美元，每架F/A-18E/F超级大黄蜂现代战机价值6 700万美元，这样算下来整艘母舰的成本将近105亿美元。如果再考虑到6 000名船员的培训费用、军饷等因素，成本就更高了。

除此之外，由于航母自身很容易受到攻击，所以绝不会单独出海，航母打击群（Carrier strike groups）应运而生。每一个群中通常会包括一艘母舰，一个小型补给舰队，两艘导弹巡洋舰，两到四艘反潜和防空驱逐舰以及一艘潜艇。加在一起，一个航母打击群的成本将超过200亿美元。这还没有算上维持打击群日常运作的成本呢，根据一项最近的研究表明，这项费用约为每天650万美元。

当下美国拥有10个尼米兹级的航母打击群，没有哪个国家能够与其媲美。今日之美国海军，就如同19世纪之英国皇家海军，规模庞大，武功盖世，花费惊人。今日之航空母舰，身兼作战和威慑两项任务，武力投射就犹如象棋行子，争端在哪里爆发，航空母舰就在哪里逡巡。

盗亦有道

10

ANIMAL WEAPONS
The Evolution of Battle

动物武器
ANIMAL WEAPONS The Evolution of Battle

在巴拿马的最后一年里，我除了要在黎明时分的森林里寻找吼猴，还要在实验室里进行人工选择实验，而剩下的时间，我都花在了一个黑洞洞的帐篷里。这个帐篷是用一块悬挂在办公室天花板上的厚布隔开的，里面的工作很简单：观察。甲虫们生活中的一切我都感兴趣，以前也真没有人这么干过。我最感兴趣的，还是那些雄性甲虫到底如何使用它们的角。

甲虫们可不会像几千只招潮蟹那样在我的脚边打斗，更不会像美洲水雉那样在移动浮垫上腾跃，它们都躲藏在土层中铅笔粗细的洞穴里，怎样观察它们的一举一动就成了问题。19世纪末的时候，法国的博物学家让-亨利·法布尔（Jean-Henri Fabre）①在研究欧洲蜣螂的地下生殖行为的

---

① 法布尔，法国著名昆虫学家、文学家，被世人称为"昆虫界的荷马"，代表作《昆虫记》。
——译者注

时候，曾经巧妙地解决过一个类似的麻烦。他的做法是：弄来一个装馅饼的盘子，在盘子中央挖一个洞，然后再插入一支塞满土壤的玻璃试管。这样，就筑造了一个可供观察的蜣螂的生存环境。

100 多年后，我把玻璃试管发展成了"玻璃三明治"。首先是制作一批所谓的"蚂蚁农场"，也就是在几块玻璃平板之间塞满泥土，这样我就用不着法布尔装馅饼的盘子了。然后我拿来几个树脂玻璃制成的盒子，在底部打好洞，并将其固定在每个"蚂蚁农场"的顶部。甲虫们要挖隧道的时候，就只能在玻璃平板之间施展拳脚。这样就方便我观察了。一般情况下，甲虫生活的隧道里阳光是照不进去的，而强光会干扰甲虫，所以我还要想办法营造一个幽暗的环境。所幸，像丑角甲虫这样的蜣螂无法看到红色，所以我就在帐篷内采用了红色光照明，这样既不妨碍观察，又不会干扰甲虫。

每天雷打不动的 4 个小时，我都钻在帐篷里，在昏暗的灯光下眯着眼，匆匆记下潦草的观察笔记。照明灯的热度弄得帐篷里热气腾腾，粪便发酵的气味着实难闻。可蜣螂们才不在乎这些，它们在"玻璃三明治"里忙得不亦乐乎，打斗、交配、抚育后代。这一切都让我在一旁看了个清清楚楚、明明白白。

角，的确是蜣螂们战斗的武器。当我很快就证实了这一点时，虽然丝毫不感到意外，但毕竟是亲眼看到，我还是很兴奋的。整个战斗场面既混乱不堪又奇妙不已。处于守势的雄蜣螂严阵以待，利用腿上的尖刺嵌入隧道壁上，把自己牢牢地撑住。处于攻势的那位则头角并用，拼命地碾压对手，将其往隧道深处推挤。等到它们的角绊在一起时，双方就开始用头部努力地拱来拱去，试图撬动或者推开对手。如果相持不下，战斗就会越来越狂热，双方都像疯了一样扭动起来，隧道则被两只甲虫弄得越来越宽，大到可以容纳一方跨过对手的头顶。双方有时会互换位置，入侵者反而占据了隧道深处的有利地形；有时双方会一路打下去，狠狠地撞到雌蜣螂的身上；还有时两者会翻滚着抱在一起，莫名其妙地摔出隧道，就这样来来回回地折腾。在它们难解难分的时候，我已经分不出谁是谁了，但可以肯定的是，最终几乎都是角相对较小的那个铩羽而归、悻悻离去。

观察过多次以后，我发现这样的战斗几乎都是千篇一律，就逐渐有些提不起精神了。胜者的行为并没有什么出格的，倒是失败者的举动引起了我极大的兴趣。如果是一只大个子的雄蜣螂被击败了，它会气冲冲地离去，立马开始寻找另一个洞穴："哥要再打一架！"在野外，或许它只需游荡上几厘米就能找到目标；而在我的"农场"这儿，它就只能悲催地沿着玻璃盒子的四周不断地兜圈子了。可如果是一只小个子的雄蜣螂打输了呢？一旦在某场战斗中被踢出了局，它只会原地移动一小段距离，也就1厘米吧，然后就开始挖一条新隧道！我想，不对呀，这一般是雌蜣螂的活啊。不过，小个子蜣螂可不这么想，它就在原来的隧道旁边大干特干起来，丝毫不管那条隧道已经有雄性把守了。

我精神一振，开始想这个小个子蜣螂是不是想趁机溜回那个主隧道中去？可它似乎只是蹲在那里，几个小时都按兵不动。我呢，也只能盯着它，我们两个大眼瞪小眼。我开始坐卧不安，出去上了趟厕所，但回来后就发现一切都结束了！小个子还待在它挖的隧道里，可我一眼就能看出，它又打了一条侧道，正好与主隧道相通（见图 10-1）。我赶紧弄了五六个巢穴，把大大小小的蜣螂都混在一起，想要看它们到底要干什么。果不其然，工夫不负有心人，我终于把它们偷偷摸摸的行为抓了个现行。在等了几个小时后，小个子突然行动起来，从主隧道的侧面破壁而入，直扑目标竖井里的雌蜣螂。它在几分钟之内以极快的速度完成了交配，并原路返回！而这时趴在上面守卫着入口的主儿对此还浑然不知呢。

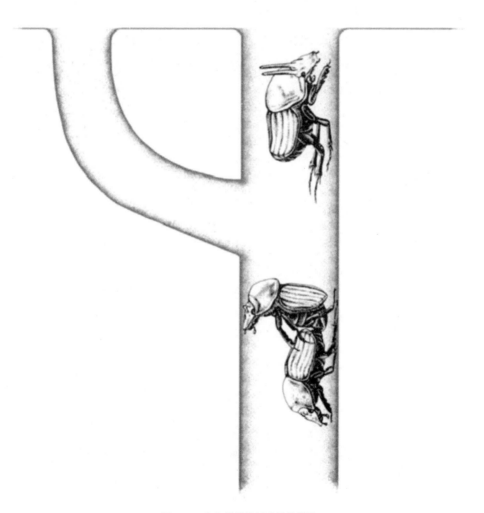

图 10-1　鬼鬼祟祟挖侧道的雄蜣螂

动物武器

ANIMAL WEAPONS The Evolution of Battle

当我向博士论文答辩委员会讲述这个侧道的故事时，他们对此提出了质疑，指出"玻璃三明治"里的环境有限，近乎一个二维宇宙，与蜣螂们生活的自然环境有很大差别，小个子蜣螂还能干什么呢？挖到主隧道里去也不足为奇呀！关键是在野外环境下，小个子们还会这么做吗？为了澄清这些质疑，我带着硅胶填充剂回到森林里，开始向蜣螂的隧道里灌入白色黏液。猴粪体积不大，也就一枚硬币大小，我把猴粪移去，就可以看到主入口，这个入口与十几条密密麻麻挤在一起的隧道相通。我把它们全都灌满硅胶，再整个挖出来并运回实验室。回来以后，我把泥土小心翼翼地清理掉，想要看一看灌模后的隧道到底是个什么模样。

原来，我在"玻璃三明治"里看到的"侧道"在野外不仅存在，而且有很多。从隧道模型中可以很清楚地看到，那些偷情的雄蜣螂可以打通四五条与主隧道相通的通道。我恍然大悟，为什么那些大个子雄蜣螂必须要周期性地巡视自己的地穴，而为什么那些小个子根本就不用长角。在这个蜣螂物种中，体型最大的雄性都长着一对长角，而体型较小的个体甚至连处于过渡状态的角都没有。相反，它们似乎与角彻底断绝了关系，发育成熟后也更像是雌性。与更大型的、长角的蜣螂相比，小型的、无角的蜣螂在隧道里运动更加灵活，部分也是得益于没有角的拖累。同时，根据西澳大学（University of Western Australia）[1]的约翰·亨特（John Hunt）、乔·汤姆金斯（Joe Tomkins）和李·西蒙斯（Leigh Simmons）的研究成果，我们还可以知道，在很多此类"同种二型"（dimorphic）[2]的蜣螂科动物中，小个子雄性往往都是鸡鸣狗盗之徒。它们为此而生，睾丸更大，精子

---

① 西澳大学，澳大利亚历史最为悠久、最为优秀的大学之一。——译者注
② 同种二型，同一种生物或者同一个个体内出现两种相异性状的现象。例如，昆虫的成虫除了雌雄第一性征不一样以外，在体型、行为等方面也有不同。

更多，交配时间更短，精子传播更快。也许它们的交配频率没有那些长角的雄性高，但是小个子们不会放过一切机会。既然靠打架只能当一辈子光棍，那就另辟蹊径，天无绝人之路嘛。

在一个种群中，当只有少数个体垄断了生殖权的时候，剩下的那些雄性必定会千方百计地打破常规。如果光明正大来得毫无胜算，那就作弊吧！在几乎所有的物种中、所有的角落里，偷情者都大有人在。让我们先看看在落基山脉陡峭的斜坡上都发生了些什么吧。领头的公大角羊在这里守卫，体型最大、年纪最长的公山羊拥有最大的羊角，它们也顺理成章地牢牢掌控着母羊群。然而，还是有约 40% 的羔羊居然是那些体型较小的公羊的后代！这是怎么回事？原来，不管领头公羊如何警觉，总有一些公羊能够趁其不备，突入羊群，并强行与母羊快速交尾。好事已成，就算是被领头公羊暴虐一顿也值啦。这样的公羊也被称为"游猎者"（courser）。

值得一看的还有翻车鱼①和鲑鱼（salmon）。这些鱼类中的公鱼会先圈出一片沙地，然后开始清场，再静候母鱼前来产卵。母鱼呢，则会挑选一个最合适的场地当做产房，在最大、最具吸引力的公鱼身旁产下卵来，并邀请其在鱼卵上泼洒精子。而那些体型小些的公鱼既无力保卫领地，又无法取悦母鱼，它们唯一能做的，就是在伉俪们卿卿我我的时候，偷偷摸摸地窜过来，对着人家的爱情结晶也喷上一把自己的精子。

在欧亚大陆的湿地中，生活着一种大型滨鸟流苏鹬，也很值得一看。照例，只有那些体型最大的雄性流苏鹬才能守住一方水土，在盛大的求偶

---

① 翻车鱼（sunfish），它会上浮侧翻，躺在海面上，就如同做日光浴一般，所以人们以"翻车鱼"或者"太阳鱼"来称呼它们。

仪式上尽情展示其华丽、蓬松、黑色与栗色相间的饰羽。雌鸟也照例会向最高大、最亮丽的雄性表达爱意，鲜有工夫去光顾剩下的那些"次品"。小个子流苏鹬当然不能无所作为，它们还有两条路可走。其中一种雄鸟不再去追求华丽的饰羽，而是干脆以白羽示人。它们也被称为"卫星鸟"，专门在那些有头有脸的雄鸟的领地周围打转，目的是半路截住前来投怀送抱的雌鸟。而领地的主人居然也不以为忤，或许是因为这些白羽流苏鹬也或多或少地起到了吸引雌鸟前来的作用吧。

"卫星鸟"好歹还以白羽盛装出席；另一种类型的雄鸟则完全采取了"大隐隐于市"的策略。它们是名副其实的"伪娘"①，外表、做派都和雌鸟一模一样。因此，它们可以在领地鸟的眼皮底下，神不知鬼不觉地靠近雌鸟。科学家们也是在研究了几十年以后，才豁然发现还有这样一类公流苏鹬的。

在不少物种中都存在这种"伪娘"现象。有一种海洋等足类甲壳动物，我们姑且称之为海球虫（swimming pill bugs）吧，它们在海绵动物中空的腔体内进食、交配。雄性海球虫的武器是钳爪，可以用来抓牢对手，钳爪越长越有优势，所以只有体型最大、钳爪最长的雄性才能占有最佳的海绵动物。其他的就只能另寻出路了。而有些体型中等的海球虫，与流苏鹬一样，会彻底放弃武装，不要什么钳爪的阳刚之气，只要雌性的阴柔之美。这招暗渡陈仓还真管用，就这样，它们也悄无声息地搬进了海绵居所之中。

将此项模仿雌性的战术发挥到堪称艺术的是澳洲乌贼。作为伪装大师，这种海洋软体动物对色彩非常敏感。它们能在几秒钟之内改变色彩，

---

① 原文是 faeders，古英文中的"父亲"。

迅速混迹于周围环境之中。大多数时候它们都很低调，离群索居，销声匿迹。但一进入短暂的交配季，它们就会聚集在一起，雄性们开始争相现身，阴暗神秘的保护色不见了，取而代之的是耀眼的彩虹色，绿色、蓝色、紫色，可谓争奇斗艳。

僧多粥少，一只雌性乌贼周围最多会有十几只雄乌贼在打它的主意，竞争的惨烈程度可想而知。不出意料，雌性总是偏好选择个头最大、体色最靓的雄性作为伴侣。一旦终身已定，这一对夫妻就会游到乌贼群外围，过起二人世界。谁也不希望在交配、产卵的时候被打扰，殊不知，心存不轨之徒已经凑过来了。快速变色的天赋在这个时候有了用武之地，乌贼们使出了各种花招。

有时候，小乌贼会专门挑大个子乌贼受到挑战、正忙着英雄护美的时候趁虚而入，并匆匆换上明亮浓重的体色，以此来挑逗雌乌贼。有时候，它们会先伪装成海底的岩石，潜行靠近一对新婚燕尔的夫妇。然后再将自己打扮成雌性的模样，大摇大摆地出现在大个子乌贼的身旁。在确信自己被大个子乌贼当成了老婆的闺蜜后，它们就会溜进夫妇中间，再进行一次变装，而这一次，就是用艳丽的求偶服哄骗雌乌贼了。最为绝妙的是，它们只会在身体靠近雌性乌贼的那一侧作秀，而在另一侧呢，大个子乌贼所看到的，还只是一只其貌不扬的雌性乌贼罢了。

在人类社会中，瞒天过海、掩人耳目的欺骗战术也是司空见惯，再强大的军队也拿这些伎俩束手无策。"非常规战争""游击战"等方法甚至可以追溯到公元前 6 世纪的《孙子兵法》。策略很简单，如果一个群体遭受了压倒性军事力量的入侵，千万不要墨守成规，兵不厌诈才是正道。"夫地形者，兵之助也"，"兵之情主速，乘人之不及，由不虞之道，攻其所不戒也"。只要能借助地势、出其不意，弱势兵力也足以让强势兵力人心惶惶。弱者也许永远不会真正战胜强者，但原本也不必如此，在战场上，生存就意味着胜利，他们可以慢慢地将强大对手的斗志消磨殆尽。只要非常规武装对常规战高挂免战牌，再强势的兵力也不能将他们斩尽杀绝。而与此同时，在偷袭战、侵扰战面前，常规武装庞大的体量和火力反倒成了累赘。

假如当年是英军得胜，也就不会有"美国独立战争"（American Revolution）这个说法了。当年，美国反抗军尽一切努力避免与训练有素、组织严密的英军在开阔地带发生正面冲突，而是在英军行军时发动小规模冲突。在英军通过险要地带时，比如在大军渡河、跋涉于小道等兵力分散的时刻，他们就会发起攻击。效果很明显，英军的数量优势就这样被一点点地抹去了。在以往的越南战争、阿富汗战争中，无论是美军还是苏军，都深受这些策略的困扰。时至今日，美军仍然在伊拉克战场、阿富汗战场上陷入游击战的泥淖不能自拔。

游击战之所以能够起到偷袭的效果，有很多手段。传统的交战规则早就被弃之一旁，游击队员们会采取极其诡秘的方式悄无声息地接近敌人，不到发起攻击的一刻绝不现身；他们极少着军装，常常混迹于平民之中，侵略者们在这样的隐秘武装面前难分敌友，怎么做都无所适从：粗心大意的后果自然是命丧黄泉，可是如果反应过度，误伤了非战斗人员，由此引起的政治影响同样不可小觑。

在偷袭面前，哪怕是最强大、最昂贵的武器都可能不堪一击。步兵如果胆敢正面出击坦克，那一定是死路一条，但是如果能设法往坦克舱口盖上扔上一枚手榴弹或者燃烧弹，战局就大不一样了。地雷、简易爆炸装置等都是常见的诈敌武器，无论是阴暗的角落、不起眼的碎石堆，还是在看不见的地底，都隐藏着它们的身影。这类简易武器可以干掉几百万美元的坦克和武装车辆。更有甚者，区区水雷也可以击沉一艘价值 10 亿美元的战舰。2000 年 10 月，价值 9 亿美元、舰身长达 150 米的美国"科尔"号战舰就没能挡住一艘小艇的攻击。这艘小艇一直在军舰旁随行，看起来微不足道，也没有人想到它上面竟然载满了爆炸物。小艇撞上军舰后，直接在舰身上炸出了一个直径 12 米的大洞，导致 17 人死亡，39 人受伤，损失高达 1.5 亿美元。

对于现代化军事力量而言，危害力最大的偷袭方式，其实是最不为人知的网络攻击。网络攻击听起来并不可怕，顶多就是盗刷一下信用卡，窃取一下个人身份信息嘛！但实际上，网络攻击具备对整个武装力量造成严重后果的能力，说它是我们当下面临的头号威胁也不为过。

在过去的几十年里，军事技术已经变得越来越与计算机技术密不可分。从导弹制导系统到导航系统、潜艇操控系统，从航空母舰到战机，无一不高度依赖于高科技软件。就拿现代战机来说吧，其速度和机动性已经到了几乎可以让人类随心所欲的地步，但是如果没有计算机辅助飞行控制软件，没有各种复杂的电子设备，战机就是一堆废铜烂铁，更不用说完成什么瞄准、飞行、导航、指挥、控制等战斗任务了。

此外，黑客也可以骗过防火墙，上传外部代码，达到偷偷控制军事指挥系统的目的。例如，在2003—2006年，黑客组织针对美国的国防和航空航天设施发起了一系列协同网络攻击。在这次被称为"骤雨"（Titan Rain）的黑客行动中，美国国防部（U.S. Department of Defense）、五角大楼、美国国家航空航天局（NASA）、洛斯阿拉莫斯国家实验室（Los Alamos National Laboratories）、波音公司、雷神公司等机构的大量机密信息被盗。"骤雨"行动表明，作为一种非对称策略，网络攻击可以被当做一种威力强大的武器。

2013年，黑客组织变本加厉，侵入了诸多高科技武器的控制系统，如F-35联合攻击战斗机（F-35 joint strike fighter）、V-22鱼鹰式倾转旋翼机（V-22 Osprey tilt-rotor aircraft）、末段高空区域防御系统（Terminal High Altitude Area Defense，缩写THAAD，即萨德系统）、"爱国者"反导系统（Patriot Advanced Capability antimissile system）、宇宙盾战斗系统（Aegis Ballistic Missile Defense System）、全球鹰无人机系统（Global Hawk unarmed aerial vehicle system）等。单是这些武器的效用已经被大打折扣这个事实，已经足以让人惊出一身冷汗了。更让人毛骨悚然的是，黑客组织并不满足于此，他们还在计划植入更多代码，一旦被激活，上述那些武器系统都将彻底无用武之地。

"零日漏洞"攻击 [1] 是一种最为棘手和危险的网络武器，黑客们充分利用就连软件生产厂家都不知道的漏洞，其代码隐藏之深，以致在攻击时刻到来之前毫无蛛丝马迹。在上述2013年的网络攻击中，如果美国方面没能及时发现黑客踪迹的话，那么人类历史上最先进、最昂贵的武器要么

---

① "零日漏洞"攻击，即安全补丁与瑕疵曝光的同一日内，相关的恶意程序就出现，并对漏洞进行攻击。

早就灰飞烟灭，要么已经调转枪口对准自家人了。这种情况一旦发生，后果将不堪设想。

有的动物善于偷情，有的动物善于浑水摸鱼，有的动物热衷做"卫星鸟"，还有的动物甘心当"伪娘"，骗术世界，无奇不有。作为雄性，要想保住霸主地位，既要经得起光明磊落的对手挑战，又要当心偷偷摸摸的小人作祟。同样，游击队、地雷、简易爆炸物、网络攻击等方式、手段，都可以有效地压制传统军事武装的战斗力。对一个种群来说，如果这些欺骗行为影响有限，那自然无碍军备竞赛的大局。**然而，一旦这些作弊手段被发挥得淋漓尽致、无所不在，军备竞赛的终场铃声就快响起来了。**

偃旗息鼓

1

ANIMAL WEAPONS
The Evolution of Battle

动物武器
ANIMAL WEAPONS The Evolution of Battle

中世纪盔甲的强度、重量和成本最终都上升到了前所未有的高度。在竞技场上，对阵单挑的双方如果实力接近的话，将永远是大者取胜，装备最精良的骑士无人能敌。在传统的战场上也是如此，两军对垒，谁的武装更先进谁就占据优势。由此，盔甲理所当然地成了件重型武器，骑士和战马的行动都越来越迟缓，其行军和战斗路线都只能是直线，更不用想采取什么侧翼攻击之类的战术了。当然，在当时的条件下，也无须对此进行防御。但是，一旦遇到旗鼓相当的对手，鉴于双方施展的余地都不大，战争的胜负还是取决于士兵的训练水平和盔甲的防护能力。盔甲，绝对是一分钱一分货。而在实战中，正是由于装备精良，骑士们鲜有伤亡发生。对骑士们来说，死伤与否不重要，身败名裂才是最耻辱的事情。

十字弓和英式长弓的出现改变了这一切。就跟那些搞小动作的动物们一样，这种新出现的弓箭技术可以起到"偷袭"的效果。突然之间，作战规则出现了天翻地覆的变化，昂贵的盔甲似乎一下子贬值了。在弓弩出现之前，骑士们在战场上如入无人之地，他们既可以一边驰骋疆场，一边居高临下地砍杀，又可以借助盔甲、板甲、盾牌和头盔等的保护，<u>丝毫不用顾忌步兵们投掷过来的任何武器</u>。所以，在骑士眼里，步兵都是一群防护薄弱、装备低下的草莽村夫，甚至都不值得去驱散他们。骑士们唯一关心的就是找到旗鼓相当的其他对手，尽快展开决战。

而装备了十字弓之后，步兵再也不是任人宰割的对象了，他们同样可以将不可一世的骑士射于马下。一夜之间，高头大马的优势荡然无存，反倒使跨于马上的骑士们成了活靶子。由远而至的弩箭可以轻易地钻入盔甲，如腋窝部位。如果是正面打击的话，弩箭更是可以直接穿透盔甲。同样，战马也成了射击的目标，一旦马失前蹄，就会带着一具血肉之躯连同其金属外壳一起轰然倒地。这时候的骑士如果四脚朝天，就如同被翻过来的乌龟一样动弹不得，再无以往的霸气了。

十字弓和长弓将与盔甲相关的武器标准、交战规则统统践踏在脚下。首先，它们非常便宜，再也不是精英阶层才能拥有的神器；其次，它们易于上手，训练时间短。这也说明，单凭一个人手中的弓弩，已经无法精确判断这个人的地位和阶层了。最重要的是，军队之间的作战模式也由此发生了巨大变化。新的武器带来了新的战术，而骑士决斗这种形式就在战场上被逐渐摒弃了。

以克雷西战役（Battle of Crécy）[①]为例，英军摆出了密集的弓箭手阵来迎战前来的法军。英王爱德华三世选择了一处两侧分布着森林及其他屏

---

① 克雷西战役是英法百年战争中的一次经典战役（1346年）。英军以少胜多，且伤亡很少。此战中英国长弓手的表现起到了关键作用。

障的平坦农田，并命令将士们下马等待。他们兵分三路，每一路都配备了1 000名重骑兵，排成6排，在两侧也安排了各5 000名弓箭手。另外，他们还预备了一支千人骑兵队，时刻准备追击溃逃的法军。

英军兵力总计约两万，其中4 000名为重骑兵。而法军数量是英军的3倍，其中有1.2万名为重骑兵。法军第一次出击派出了6 000名十字弓手，还是专门请来的雇佣军。骑兵队则排在弓手身后。到了距离英军不到150米的地方，十字弓手们发起了攻击，但很快就发现大部分箭都够不着英军。于是十字弓手们继续前行，这时候英军开始反击，从长弓射出的箭如大雨般瓢泼而下，法军阵形大乱，军心大哗。而等在后面的法军骑兵队实在按捺不住，求战的欲望驱动着他们不顾一切地向前冲，可等他们越过早已混乱不堪的雇佣军团，来到英军面前时，才发现自己陷入了万劫不复的境地。战马惊慌失措，要么跌跌撞撞地被死人绊倒，要么被弓箭射中，一个个骑士相继倒在地上。少数几个能死里逃生的骑士，好不容易看到了英军士兵的模样，又很快被各个击破。法军没有放弃，又发动了十几波冲锋，可每次都在丢下一摞摞的尸体后败下阵来。战斗完全变成了一面倒的屠杀。最终，法军撤退时一共阵亡了1.5万名将士，而英军只损失了200人。

70年后，同样的故事在阿金库尔再次上演。这次法军与英军的士兵数量比是5∶1，但这种数量的优势很快就被瓦解了：金属箭头组成了箭雨，所过之处尸体堆积成山。而后续的骑士们还没等到弓箭招呼，就已经纷纷落马。全副武装的骑士们陷在泥淖之中后惊恐地发现，过去他们厌恶、蔑视的村夫们正拿着弓箭进行近距离射击，自己已经成了最容易被猎杀的对象（见图11-1）。盔甲，这个过去大家求之不得的金钟罩，现在变成了人人避之不及的索命衣。这个例子极好地说明了，一件便宜好用的新式武器可以彻底驱除一个登峰造极的旧式武器。

图 11-1　颠覆性武器——英式长弓

　　军备竞赛绝不会无休无止。**武器越大越难以承担，这点毋庸置疑，所以最终任何一个种群都会达到一个平衡，在这个平衡点上，更高的武器制造成本与更多的生殖机会相当。**超过了这个平衡点就是大而无当，军备竞赛就会适时而止。从而，种群也得以稳定下来，武器的尺寸就维持在了一个新的水平上。那么，武器到底多大算合适呢？这完全取决于到底什么时候达到平衡。我们已经看到，对处于强烈的性选择之中的动物种群来说，在制造武器的成本开始擎肘、平衡点到来之前，动物武器似乎会经历一个"疯长"的阶段，在那个时刻，武器占身体的比例可能已经达到了惊人的程度。

这种平衡可以持续很久，动物身上的武器构造也会保持在一个稳定的状态。如果你去检视一个处于平衡状态的种群，或者去研究一个装备着大型武器的种群，并测量武器所遭受的选择强度，也许你会大跌眼镜，因为实际上对武器的选择强度很弱，或者根本就不存在。理论上讲，所有的种群最终都会进入平衡状态，而且不会轻易打破平衡。想想看，武器的进化速度何其快，种群的历史何其长，几百万年？几千万年？很多物种应该已经处于平衡状态了，上述的发现实际上是意料之外、情理之中。这就好比是拔河比赛，两方力量都紧紧地向着相反方向拉去，拔河绳上的标志线反倒稳稳地停在中间位置。

而我们在第 10 章中讨论过的欺骗行为就相当于成本，对大型武器的好处起到的是反向削弱作用。试想一下，一个雄性动物，仗好不容易打赢了，当然要尽享战利品，而这种战利品就是生育后代的权利。如果一切都正大光明地进行，那么取胜的雄性就应该拥有所有的后代。但是，总有居心叵测的"偷机者"存在，它们总能找到机会与已经名花有主的雌性交配，或者干脆把自己的精子和那些得胜者的精子混在一起，无所不用其极。只要有这些"偷鸡摸狗"的现象存在，胜利果实仅靠强大的武器就是守不住的。

假如一只甲虫靠作弊手段能够占有某只雌性 1/4 的后代，那么另一只靠战斗赢得雌性的甲虫就会损失同样数量的后代。与以前相比，它仍要消耗同样多的资源来制造武器，耗费同样多的能量来使用武器，还要花同样多的力气来驱赶入侵者，但是回报呢？只有原来的 75%。

平均而言，在整个种群之中，靠作弊"巧取"与靠武器"豪夺"都有其位置。毕竟投机取巧、瞒天过海的行为在动物界比比皆是。只要"巧取"形不成大的气候，只占有一小部分生殖机会，那么武器的演进就会一切照旧。但是，如果"巧取"的手段开始大行其道，现实中真的出现了"有武器，不如会演戏"的大趋势，那就会对采用"豪夺"手段的雄性产生显著影响。同时，由于作弊行为带来的额外损失，与武器的原有成本叠加在一起，就有可能为武器的进化踩下紧急刹车，军备竞赛随之戛然而止。这相当于种群进入了一个新的平衡状态。实际上，如果作弊行为的效果过于出色，那甚至有可能将武器的选择方向带入另一个极端：武器越大越无用，"豪夺"者一败涂地。这时候，军备竞赛就不仅仅是停滞不前，而是土崩瓦解了。

一旦大型武器的回报呈现暴跌态势，武器就会向着迅速减小的方向发展。 理论上，如果那些持有昂贵武器的群体不能及时转向的话，它们甚至会灭绝。例如，我们现在知道爱尔兰麋鹿已经灭绝了，还知道它们头顶的鹿角雄伟异常，但我们永远也无法确切地知道，在灭绝前它们身上到底发生了什么。最近的一些模拟鹿角生长的模型研究表明，鹿角生长的代价特别高昂，需要消耗大量的钙和磷，而在发情期后、冬天来临之前，公鹿必须尽快补充钙、磷等矿物质，但即使是最强壮的公鹿也很少能做到这一点。同时，通过重构当时的气候资料我们可以发现，在爱尔兰麋鹿赖以为生的植物当中，矿物质的含量曾出现过急剧的下降。我们有理由怀疑，就是这个原因导致整个群体都无法从鹿角的生长中恢复过来。可以确认的是，爱尔兰麋鹿灭绝的时间正好和食物质量的劣化相符。当巨型鹿角的生长是以生命为代价的时候，群体的灭绝就不可避免了。

　　我个人猜测，更多的种群坚持下来摆脱了灭绝的命运，但它们的武器已经被弃之不用了。在马来西亚的河流岸边就有那么几类突眼蝇，它们不再群居在植物细根上。因此，触发军备竞赛的三要素一下子去掉了两个：母蝇们只要不聚集在一起，防御植物细根这件事就不具备经济价值；个体间的战斗也不再是一对一对决的方式。缺少了这两个要素，突眼蝇的军备竞赛就无以为继，自然就没必要继续留着那么长的眼柄做武器了。

　　还有这么一种锹甲虫，它们不再守在树干上的裂口周围争抢树液，而是争先恐后地进入中空的树干内部,那里的空间可要大得多。这样一来，原本誓死捍卫的裂口就不值得再去防御了。军备竞赛无利可图，这种锹甲虫的大颚也就随之缩小了。另外还有三种锹甲虫，它们中的雄性开始与单一的雌性形成长期、稳定的伴侣关系，并与雌性一起抚育后代，这样一来军备竞赛三要素中的两个又不见了。首先，雄性们不仅犯不着为流出树液的裂口拼死拼活，而且也没有什么需要去为之战斗的资源了；其次，雄性的生殖周期也几乎和雌性一致，不存在雄性欲火中烧、雌性却寥寥无几的情况，也就没有必要再去争抢些什么了。时至今日，这些锹甲虫的颚已经非常小了。

　　环境日新月异，军备竞赛的触发条件不可能一直维持下去。我们仔细审视一下进化树就会发现，有相当多的证据表明，在那些持有重型武器的物种之中，武器实际上是时来时去的。**在物种的历史长河中，任何进化都是有得有失的，武器的演进也不例外，其兴亡交替更像是一种动态、循环的过程。**我和同事们在针对 50 种蜣螂的武器演进的研究中发现，新的角的类型总计出现过 15 次，每一次都是独立发生的。我们可以把进化想象成一口大锅，所有与进化相关的条件都在这口锅中翻腾，时不时的，军备竞赛的火花就迸出来了。武器随之忽隐忽现。我们观察到，蝗螂的角总共消失过 9 次。在对羚羊角的研究中也发现过类似的情况，角的大小呈现出起起伏伏的曲线变化。军备竞赛就如同纸牌屋，一方面气势宏大，波澜壮阔，另一方面也危如累卵，一击即破。

每当少数富国造出其他国家担负不起的镇国利器的时候，总有人能在某个时候想出便宜的办法加以反制。我们经常能够看到轻便的武器照样可以掀翻大海兽一般的巨型武器。一个例子是，早在公元前 5 世纪就出现了纵火船。那时，雅典海军正在围困叙拉古（Syracusans）[①]，而叙拉古人在旧商船上装载了松木和树脂，点燃后，再借助风势使其冲向雅典人的军舰，很快就造成了极大的恐慌和混乱。

2 000 年后，纵火船仍然发挥着同样的作用。木制的船体、火药库等设施，都使得帆船极易成为火攻的目标。利用小型的一次性船只，在装载了可燃物或爆炸物之后，可以轻而易举地给整个战线上的舰队带去毁灭性的打击。一溜儿连绵数公里、严格地按照战斗序列排列的战舰，怎么看都是等着纵火船前来攻击自己的架势。同时，纵火船一般都很小，大炮根本无法对其实施精准打击，很可能一眨眼纵火船就漂到了战舰旁边，再庞大的战舰也只能是被动挨打。

尽管纵火船很少能直接击沉战舰，但是它们可以将舰队预先设定好的有利阵形打乱。一个经典的战例是 1588 年英西战争中的加来海战[②]。

---

① 叙拉古，古希腊城邦，位于意大利西西里岛上。人们熟知的阿基米德就出生于叙拉古。

② 加来海域位于英吉利海峡。这里提到的这场海上决战最终的结果是：西班牙无敌舰队在队形被打乱后大败。

那个时候，西班牙无敌舰队（Spanish Armada）在加来海域系泊了140艘战舰，正在夜色中等待着增援部队的到来。英国海军一定要打散这种阵势，否则局势对英方不利。于是他们派出了8艘纵火船，朝着无敌舰队冲去。西班牙人对此早有准备，有两艘纵火船被钩住并拖离了预定路线，但剩下的6艘还是突破了无敌舰队的外围防线，熊熊大火的威胁越来越近，西班牙战舰只能赶紧起锚，四处散去。当夜，无敌舰队没有一艘战舰着火，但是到了第二天早晨双方会战的时候，由于舰队的阵形已经被彻底打乱，西班牙人就只能各自为战了。

不过，彻底终结帆船战的并非是此类纵火船，而是另外的新型枪炮技术：膛线炮管和填装炸药的炮弹。在此之前的300年时间里，战舰上所使用的大炮不管有多大，都是滑膛炮，炮管内很光滑，而且炮弹也仅仅是弹丸，或者说是实心铁球。到了19世纪50年代，人们在炮管内刻上了螺旋形的膛线，弹丸发射后是旋转前进的。这种大炮被称为"线膛炮"（Rifle-bore cannon），其命中率和射程都得到了很大提高。大约在同一时间，原来所用的弹丸也变成了尖顶、内填爆炸物的炮弹，彻底改变了炮弹在海战中的杀伤范围和使用方式。

实心铁球可以在船体上撞出窟窿，也可以砸断桅杆，四处溅射的木材碎片也可以杀伤船员。但要击沉一艘战舰，那可需要很多铁球才行。所以，从防御的意义上来讲，战舰越大越好。同时，从进攻的角度来看，大战舰可以容纳更多大炮，侧炮齐射时火力也更猛。只有最大型的战舰才具备厚重的木质外壳和更多的舰载炮，也只有最大型的战舰才是海上霸主。军备竞赛又将发威啦！

然而，尖顶、爆破性的炮弹出现了，它本质上是一种欺骗性手段，但效果极佳。金属弹片四处开花，可以撕裂吃水线以下的船体，也可以引发熊熊大火。木质的船体根本无法应对这种损伤。进而，这种火力更猛的大炮还可以装载在小型、便宜的战船上。海战不再是以大吃小，几乎一夜之间，以往威风凛凛的大型战舰就成了庞大笨重的显眼目标。

应对之策是在战船的侧面安装上金属装甲，可新问题又出现了：钢制的船体太重，以风为动力的帆船根本无法驾驭。至此，帆船与帆船之间的军备竞赛正式寿终正寝，海军也停止了攀比建造更大型的战舰。之后，就要等到蒸汽驱动的螺旋桨的发明了，借助这种新技术，战舰才摆脱了船身重量上的限制，军备竞赛再次开启。

本轮军备竞赛的典范是"无畏号"战列舰（HMS Dreadnough）[①]，这种新型战舰造型优美、威武雄壮，一经问世就占据了海战的舞台中心。它以装甲护身，旋转炮台上装载着大型线膛炮，荷枪实弹，杀气腾腾，远超已有的任何铁甲舰。在炮火瞄准技术成熟后，这类铁甲舰可以在几公里之外就击沉对手。从这以后，海战中就再也见不到战舰与战舰之间的近距离搏杀了。但是战舰之间"一一对决"的形式得以延续，再次创造了一个"战舰越大越好"的氛围。军备竞赛苏醒了。

由于装甲只能抵御小口径炮弹，对战舰而言，当然是谁的枪炮大谁就更有优势。更大的枪炮又反过来要求更厚的装甲。这两者加在一起，就

---

① "无畏"号是英国皇家海军具有划时代意义的战列舰，是第一艘采用蒸汽轮机的主力战舰。在其面世后，各海军强国都纷纷按照"无畏"号的设计理念建造新型战舰，这些战舰均被称为"无畏舰"。

需要有更大的舰体来承载。同时，蒸汽引擎技术也在不断进步，革新层出不穷，输出功率节节攀升，这又激发了战舰航行速度的竞赛。所有想争夺海上霸权的海军都在争先恐后地建造更大、更快的战舰，还要装上更厚的装甲、更大的舰炮。后人将这个时期的军舰建设高潮称为人类史上最迅猛、最多产的军备竞赛。

首先是英国，然后法国、德国、俄国、意大利、美国，甚至还有日本，都相继加入了大规模的造船运动。但是，到了 20 世纪初的时候，由于舰队的开支和规模都过于庞大，军备竞赛的玩家逐渐集中到了英国和德国身上。第一次世界大战之初，"超级战列舰"（superdreadnoughts）[1] 终于建成了，英国和德国各自建造了十几艘。这种大杀器的体量和机动性前所未有，当然，成本也是史无前例的。

如此强大的海军绝非无敌。以往的纵火船演进成了鱼雷快艇：足够小、足够快，可以轻易地靠近大型战列舰，也可以发射摩托化的鱼雷。鱼雷快艇对大型战列舰而言，就仿佛是公牛身上的苍蝇，虽然力量相差悬殊，但谁都不能小看它。很快，驱逐舰被发明了出来，这种小型的专业化战舰，专门用于拦截、击沉鱼雷快艇。很快，人们给驱逐舰也装上了鱼雷，这样它就能同时完成防御和进攻两项任务。就像社会化的蚂蚁群体一样，既有大头、强壮的兵蚁，也有小巧、敏捷的工蚁，现代化的舰队也开始按照职能进行分工，大型战舰和小型战舰各司其职。

正所谓"道高一尺，魔高一丈"。很快，可以携带鱼雷、从水下发起

---

[1] 指排水量在 25 000 吨以上的战列舰。下文中提到的密苏里号依阿华级战列舰就归于此类。

攻击的潜水艇被发明了出来。我们可以把潜水艇看作迄今为止顶级的欺骗手段，它们能神不知鬼不觉地潜行到超级战舰的周围，再慢慢升起，瞅准时机击沉战舰（见图 11-2）。

图 11-2 海战中的终极"骗术"——潜艇

就像手持十字弓的农夫一样，潜水艇也把交战规则彻底打破了，超级战舰一下子成了笨拙、甩不掉的包袱。唯一的解决方案是在超级战舰的周围再布置若干其他战舰，以对其实施保护。问题是，这种做法会消耗舰队的实力，也降低了舰队的机动性。想想看，一艘超级战舰每次出行，都要有一支护送的驱逐舰队相随，而且护送行为本身也会产生很多额外的干扰。

德国人显然意识到，他们永远赶不上英国建造舰队的狂热速度了。于是德国人偷偷地将建造经费从战列舰转移到了潜艇，秘密组建了 U 形潜艇部队。具有讽刺意味的是，U 形潜艇的主要战绩不是攻击海军的战列舰，而是攻击大西洋上手无寸铁的商船。英国海军，或者任何海军，无论如何也不可能保护本国所有的商船，而 U 形潜艇正好大施淫威，严重破坏了英国战斗物资和人员的运输。

潜艇反过来又激发出了另一种双重骗术。英国士兵用遮板将军事船只的外壳盖起来，使它看上去就像一艘引颈待戮的商船。这样的船只被称为"Q 船"（Q-ships），·同时，这也是第一次世界大战期间被保护得最好的秘密之一。Q 船的目的是引诱潜艇靠近并浮出水面。要知道，潜艇携带的鱼雷数量有限，如果某艘商船看起来不堪一击，那潜艇就很可能会浮出水面，利用甲板上的火力将这艘商船击沉。这样鱼雷就被省下来了。有时 Q 船会假装正在下沉，释放点烟雾，再弄些人到救生艇上去，以造成弃船的假象。

总之，一切都是为了引诱潜艇露出水面。而在潜艇露头的一瞬间，Q 船上留守的士兵就会马上扯掉遮板，露出甲板上的枪炮，立刻开火。这种双重骗术很大胆、很高明，但在实战中也面临诸多危险，总体来看得不偿失。战争期间，Q 船共击沉了 14 艘德国潜艇，但 Q 船的损失却是德方的两倍之多。

到了 1914 年，英国人也清楚地意识到，不管超级战列舰有多么巍峨，它们都无法在战争中起到一锤定音的作用。战列舰是用来同类相残的，但这样的场景在现实中几乎从未发生过。如果把战列舰仅当成一种威慑物，那它又显得过时了。在之后的很多年内，尽管战列舰仍是海军舰队的重要组成部分，但它们早已威名不再。最后的几艘战列舰在退役前，已经完全变成另一种新式武器的附属物。这件武器就是航空母舰。

武器的命运归根结底是由其效益和成本决定的。军备竞赛的初期，大型武器的效益可能会飙升。但时过境迁，成本上升，各种投机取巧的手段都会来敲大型武器的竹杠。总有一天，成本会超过效益，大型武器无以为继、黯然离场自不必说，说不定还会成为累赘。

巴罗科罗拉多岛上，夕阳西下。黄昏时刻，五彩缤纷的鹦鹉从四面八方聚集而来，准备在水边的一棵树上过夜。一只彩虹巨嘴鸟（keel-billed toucan）在我们面前的空地上飞翔，优雅地掠过天际。1992 年 2 月，我终于完成了巴拿马森林的课题研究工作，准备回归正常生活，继续做我的研究生。嗯，该测量的甲虫都测量好了，蚂蚁农场也拆除了；那几千支塑料管子都收拾停当，安全地放在储藏室深处了；实验室打扫完毕，行李也快打好包了。快两年了，我在岛上的史密斯森研究站（Smithsonian research station）工作、生活，和一群生物学家一起为了探究生命的秘密而孜孜不倦。现在，是时候回家了。

我们几个斜靠着门廊，手里握着冰镇啤酒，啤酒瓶上凝结的水珠不时滴落下来。俯瞰运河，我们经常可以看到大型船只，因为这是来往于大西洋和太平洋的航道。大多数船只都是货船，千篇一律地堆叠着满满的金属集装箱。偶尔会有游艇出现，而最令人兴奋的是战舰。今晚，恰巧有一整支舰队正在悄然通过：驱逐舰、巡洋舰……当然，最精彩的是战列舰，

动物武器

ANIMAL WEAPONS The Evolution of Battle

岩灰色的庞然大物，令人生畏的大型枪炮，天线、雷达、卫星接收仪等林林总总、密密麻麻。据说，美国的战列舰是在巴拿马运河上所能通过的最大的船只。274 米长、30 米宽，这是一艘依阿华级战列舰，挤进运河后，航道两侧只给它留出了 30 厘米的空隙。

那天晚上的情景令我终生难忘，因为我是被惊天动地的爆炸声惊醒的。一阵刺眼的闪光过后，我从床上被抛出了快 2 米远，直接撞在墙上后，又重重地砸在地上。我就这么坐在那里，周围是突如其来的黑暗，浑身刺痛，颤抖不已。一定是开战了，我马上就想到了那艘战列舰。为什么要向研究站开火呢？这还真不是我胡思乱想，就在 25 个月之前，美国入侵了巴拿马，推翻了曼努埃尔·诺列加（Manuel Noriega）的统治。就在十几公里之外的甘博阿，人们现在还能在断壁残垣上找到当时的弹孔呢！

哦，当然，没有什么战争，是我想多了。战列舰只是凑巧路过。在我那摇摇欲坠的宿舍的另一边，有一座 30 米高的无线电发射塔，原本这座塔应该是接地的，但是出于某种原因，这座塔在那晚还是被闪电击中了，所积累的电荷正好作用在我身上，将我掀翻在地。几年后，这座建筑物被拆除了，空出来的地方也回归了森林。那晚我所受的惊吓，一定就是拆除的原因之一吧。

其实，我并不是特别喜欢战舰。但是那天映入我眼帘的、自豪地驶入夕阳余晖中的巨舰，正好是美国的密苏里号，当时世上唯一还在服役的战列舰。一个月之后，密苏里号就被拆解了。而我，有幸目睹了世上最后一艘战列舰的最后一段航程。

第四部分

殊途同归

这本书的前三部分重点描绘了动物的武器，只有在需要的时候，才会穿插一些人类军事史上的片段，以起到佐证或类比的作用。但是，动物和人之间到底有多大的相似度？在本书的最后一章，笔者将更加深入、完整地探索人类社会中那些最为波澜壮阔的军备竞赛，从中我们将看到，人性与兽性相比是何其相似，又何其不同。

ANIMAL WEAPONS

The Evolution of Battle

沙石城堡

12

ANIMAL WEAPONS

The Evolution of Battle

动物武器

ANIMAL WEAPONS The Evolution of Battle

非洲行军蚁，和它们在中南美洲的近亲一样，都属于凶猛的食肉动物，彪悍的兵蚁能用大颚咬断铅笔。但行军蚁的更可怕之处在于数量。动辄 2 000 万只行军蚁从巢穴中汹涌而出，所到之处过关斩将、摧枯拉朽。任何动物不幸遇上了行军蚁群，都会被撕成蚂蚁大小的肉块，再由工蚁们扛着，一块块搬回巢穴中。在由蚂蚁们清理出来的若干条运输线汇聚而成的"蚂蚁高速公路"上，这支浩浩荡荡的大军义无反顾地一往无前。此种场景，很像是血液在一条暴露在外的巨型血管中争先恐后地奔回心脏。工蚁们专注于搬运粮食，兵蚁们则在运输线的两侧搭起防护墙，在个别地方，兵蚁们还会将身体交织在一起构成网格，将运输线完完全全地覆盖住，真可谓保护严密。

肯尼亚的马赛人①非常喜爱一种他们称之为"烈蚁"（Siafu）的行军

---

① 马赛人是非洲最著名的一个游牧民族，如今依然活跃，总人口将近 100 万。——译者注

蚁，因为这些蚂蚁可以帮助他们清理房间里的蟑螂、碎石和其他蚂蚁，甚至还有老鼠！马赛人还拿烈蚁做紧急缝合线用，就跟我几年前在伯利兹干的一模一样。可是，行军蚁们并不总是乐善好施的。偶尔，当地人家里的牲畜也会遭遇行军蚁的围攻，牲畜无路可逃，只能活生生地被吞食掉。无论是关在笼子里的鸡、拴着的山羊，还是奶牛，都有可能几小时内就只剩下骨头。有时老人和醉鬼也会成为牺牲品。18 世纪的一位探险家曾经描述过这样一种酷刑：将罪犯绑在柱子上，任其等待蚁群的到来，想想都毛骨悚然。最悲惨的还是无人照料的婴儿被行军蚁杀害的案例。蚁群穿过开着的窗户，闯入婴儿室，从婴儿床旁边蜂拥而上，钻入婴儿的口部、肺部，等婴儿窒息后，再将其撕碎运走。每年都有大约 20 个婴儿因此死于非命。

2005 年 1 月，任职于柏林自由大学（Freie Universität Berlin）[①]的生物学家卡斯帕尔·舍宁（Caspar Schöning），在其驻扎的野外研究站后面的草地边上，目睹了一场行军蚁发起的攻击。这时的舍宁刚刚结束自己的博士生学习，正致力于行军蚁的群体行为研究，并与一位著名的地理摄影师马克·墨菲特（Mark Moffett）结伴，在尼日利亚拍摄蚁群。

在这个过程中，他们拍摄到了不同寻常的景象。起先，蚁群搬运的是一片片甲虫和蟋蟀，然后是七零八落的蜘蛛和蛾子。各种尸体碎片上下前后摆动着，随着大军缓缓前行。但紧接着，一连串的白色虫子出现了，是白蚁！川流不息的蚁群正在将成千上万的白蚁尸体搬运回巢。就连白蚁中的大头兵蚁也被肢解了，头部、腿部、腹部都分别有工蚁扛着。很快舍宁和墨菲特又发现，白蚁的整个孵卵区也被洗劫一空了，不计其数的白蚁

---

① 柏林自由大学，柏林最大的综合性大学，是德国最杰出的大学之一。——译者注

卵和幼虫接踵而至。他们估计，行军蚁们仅一晚上就大概抢掠了 50 万只白蚁及幼虫。

行军蚁攻击白蚁的行为的确出人意料，因为烈蚁这样的行军蚁似乎从来不以白蚁为食。实际上，迄今为止只有舍宁和墨菲特报告过这样的事件。为什么烈蚁的菜单上漏了白蚁呢？要知道，行军蚁并不挑食，从蜘蛛到奶牛，以及一切它们在路上碰到的东西，什么都吃。而白蚁的巢穴各处都是，几乎是一种最丰富的食物来源。白蚁柔软、丰满，富含汁液、蛋白质和碳水化合物，而且除了兵蚁以外，其他白蚁都只能等着挨宰。这是多么可口的食物，白蚁一旦被从地下挖出来，谁都可以轻易地大快朵颐。那么，还是那个问题，为什么舍宁和墨菲特观察到的现象如此罕见呢？秘密在于：白蚁的蚁巢。

白蚁丘是一座宏伟的建筑。上文中受到攻击的白蚁是高等白蚁中的一个特殊亚种，可以筑造起 3 米高的白蚁城堡，即白蚁身长的 2 000 倍。白蚁丘的圆锥底直径有 1 米多宽，向上逐渐内缩并最终形成一个尖顶，最上部约 2.5 米的部分就像一个烟囱似的直冲云霄。白蚁丘的外围部分仿佛异常坚固的城墙，由几百万只白蚁精心打造而成，其建筑材料是砂粒和白蚁的排泄物，并以唾液作为黏合剂。在太阳的暴晒下，白蚁丘的外墙就像砖窑中烧制出来的砖块，要想打破外墙，那非得拿着大锤砸或者斧头劈才行，击打的时候还时不时地会有火花冒出。

好不容易打开了城堡的外墙，但你会发现连白蚁的影子都看不到。原来外墙之内还有内墙，而内外墙之间是一道空无人烟的壕沟。跨过这道 15 厘米宽的壕沟，再打破第二道城墙，你才能看到真正的白蚁居住地。

一个大约有五六只白蚁宽的坑道向内与内墙连接，向外则穿过壕沟后再与外部世界相通。白蚁们自己就是通过这个关口出入蚁巢的。此咽喉要道由大头兵蚁们重兵把守，也同样覆盖着坚实的墙壁。里里外外，可谓是铜墙铁壁。

白蚁城堡的核心部位宛如一座繁忙的昆虫城市。外墙围成一圈，将几十个椰子大小的腔室与外部世界隔绝起来。这些腔室个个都和椰子一样包着一层坚硬的保护性外壳，在泥土里堆叠在一起，中间以迷宫般的坑道相连。几百万只工蚁就在其间来回忙碌不止。有些腔室里储存的是食物，也就是一种由白蚁种植的、适合在又黑又冷的地下环境里生长的真菌。有些腔室则被当做育儿室，密密麻麻地住着白蚁卵和幼虫。在这座复杂且精密的城市的中心位置，有一间保护得最为严密的腔室，这就是蚁后的住所，犹如一座中世纪城堡的主楼。其上只有一个出口对外相连，而这个出口小到连蚁后自己都钻不出来。

蚁后专职生育，是高度专业化的产卵机器。它的腹部比我的大拇指还要粗厚，每天都会通过不断抖动产下几千颗卵。一群渺小的工蚁时刻守候在它身旁，等卵一从蚁后的身体里冒出来，就忙不迭地拖走并运到育儿室里去。蚁后的身体实在太臃肿了，根本动弹不得。它完全依赖工蚁喂养和照顾，一旦入住自己的皇家内室，就会安居在那里待上 10 年甚至更长时间，寸步不离。

几百万只辛苦劳作的工蚁，还有那些不断生长的真菌球，它们都需要吃喝拉撒，而这会消耗大量的氧气并释放出二氧化碳，所以蚁巢的散热非常重要。白蚁丘在这方面堪称巧夺天工。尽管白蚁丘坚如磐石的城墙让许多昆虫都望而却步，实际上，城墙的内部充满了数不清的小孔。正是这些小孔使得白蚁丘的城墙具有呼吸功能，可以吸入氧气、排出二氧化碳。风吹过白蚁丘的烟囱部位，或者直接穿墙而过的时候，就可以带走陈旧的废热气体，引入富氧的新鲜空气。白蚁丘内外墙的构造也如同一个绝热器，使得蚁穴内部可以保持恒温和凉爽。

防护、仓储、温控，这就是白蚁丘所具备的三大功能，当然，最重要的是防护功能。如果没有坚不可摧的城墙，那整个白蚁群都会遭到屠城之灾。只要没有怪兽哥斯拉伸出巨爪来个一把掀顶——在现实中，这个哥斯拉就是非洲食蚁兽，上文中舍宁所看到的景象估计就是拜它所赐，进入蚁穴的唯一途径就是通过那个窄小无比、有着重兵把守的关口。兵蚁就为此而生，它们不怎么移动，也没有眼睛和其他一些易受损的部位，身体上几乎只留下了硕大的头部。只要有入侵者，兵蚁们就张着大颚，摇摇晃晃地拦住任何胆敢进犯的昆虫，狠狠地咬住其大腿、撕开头部、扯断触角，甚至将入侵者五马分尸。同时，工蚁会从蚁穴内部封住关口，狼烟一起，它们就会蜂拥而至，聚集在各个通道里。同时，它们还会摇身一变成为泥瓦匠，用砂土将各个通道全部封死。只有确认敌人已经逐渐远去之后，它们才会重新开放通道。

纵观历史，人类同白蚁一样，也曾基于同样的原因大兴土木，在城墙上大做文章。用军事术语来说，城墙起到了促使"战斗力倍增器"的作用，可以使少数的防守方抵御住更为强大的进攻方。人类开始采取定居方式时，也逐渐变得更加脆弱。在农业社会里，由于农作物生长的周期性，人们不用再像先祖那样四处游牧为生。多余的粮食可以储存起来以备后用，在年景不好的时候也不用靠天吃饭。正是基于这一点，农业社会的人口总数大增。但是辛苦存下的粮食也有可能遭遇意外，如被偷、被抢。早期农业社会的人们遇到了和白蚁一样的问题，他们需要找到一种抵御游牧民族烧杀抢掠的方式，否则就会面临险境。今天，我们在底格里斯河、幼发拉底河、尼罗河等流域发现的人类活动遗址里，都能够找到人类修建城墙和碉堡等的证据，这些证据很好地说明了当时人类的处境。有些遗迹甚至可以追溯到公元前 5 500 年。

最早出现的防御工事是由木质栅栏围起来的壕沟。到了公元前 3 500 年，以黏土砖和石头制成的城墙已经成为城市的标志。古埃及的阿斯库特（Askut）、塞姆纳（Semna），古伊拉克的乌鲁克（Uruk），以及古巴勒斯坦的杰里科（Jericho），都是当时居住人口上万的城市。它们都是高墙围绕、戒备森严的要塞，构筑墙体的材料不是石头就是砖块。公元前 1 500 年，有些地方开始出现具有两道城墙的城市，这也就意味着城市具备了两道连续的防线。城墙上有人行道，城垛上交替分布着垛口和箭口，可以让弓箭手一边保护自己，一边居高临下地攻击来犯之敌。每隔一段距离，城墙上还会有一座塔，防守方可以在那里从侧面，甚至是背面袭击那些妄图潜入或翻入城墙的敌人。城垛的载人平台会向城墙外伸出一两米，就像是一座悬在空中的阳台，而在这座阳台上，通过地上的孔洞，防守方可以向下投掷大石、泼洒滚油，甚至还可以把空的夜壶、垃圾之类统统扔到敌人头上去。

古犹太城拉吉 ① 也是此类防御工事的典范。拉吉城盘踞在一座距地面

---

① 现位于以色列，坐落于希伯伦山与地中海东岸之间，建有拉吉国家公园。古代时是进攻耶路撒冷的必经要塞。

动物武器

ANIMAL WEAPONS The Evolution of Battle

60 米高的突兀山丘之上，城中居住着 8 000 名市民，还有数不清的房屋、市场和犹太教堂，外加一口 240 多米深、用石头铺就的水井。一条狭窄的坡道延伸到山丘的侧面，插入到两座巨大的石塔之间，这就是门楼。每座门楼高约 15 米，上面是一圈城垛，布满了箭口和地孔。这种布置可以保证火力在任何方向上都不留死角。任何想强行通过门楼的努力，都要受到致命的交叉火力的严重威胁。门楼之后还有门楼，组成了一个连环套。据说，总共有 6 道连续的"杀戮地带"，也就是说，入侵者们要设法穿过 6 条无遮无掩的通道，而且时刻都会有箭枝、滚油、大小石块等从四面八方杀将过来，想要得逞，犹如登天。

除此之外，还有两道高墙矗立在岩层之上。外墙有 12 米高、3 米宽，将整座城市一直到半山腰的断崖处完全包围起来。敌人几乎不可能爬得上来，想要强攻，只会面临重重危机、不切实际。外墙之上再往山头方向，是另一面更高、更厚的内墙。内外墙上还隔三岔五地建造着一个个城垛。拉吉的防御工事在当时也许不是独一无二的，但也称得上是巅峰之作，再加上这座堡垒的地势、位置，看起来没有任何军队敢动它一根毫毛。

但是亚述人（Assyrians）[①]不这么想，他们拥有敢于逆天的军队，对拉吉势在必得。就像行军蚁一样，亚述人是个战斗民族，他们有规模庞大、训练有素、纪律严明的职业常备军。亚述人的弓箭手和双轮战车无人能敌，攻城略地正是他们的拿手好戏，特别是在开阔地带。公元前 701 年，亚述人的大军抵达拉吉，在临近的山头上驻扎后，他们就开始摩拳擦掌，准备拿拉吉的城墙开刀了。

---

① 亚述人曾经在两河流域、波斯地区占据统治地位，亚述帝国的政治、经济、文化都带有浓厚的军事色彩，其战争艺术在当时达到了登峰造极的地步。

亚述人的围攻策略特点在于优势兵力、多点攻城、齐头并进。通过这种方式，防守方疲于奔命，兵力被大大分散，这样一来，亚述人在单个进攻点上取得突破的可能性就大大增加了。但这一切都需要运筹帷幄、精心准备。攻城工具过于庞大，无法携带，只能在现场组装，而这需要耗费好几个月的时间。除了步兵和战车御夫，亚述人更是随军带来了数以千计的工程师，他们在营地周围建造临时堡垒，还要承担竖起攻城塔、挖通隧道等重任。凡是为了攻克拉吉堡垒所需要的一切，都要安排妥当。

亚述人的攻城塔有三层楼高，这样进攻方的战士就可以和防守方在同一高度作战了。攻城塔顶层是木制的城垛，可以为弓箭手提供保护。塔的每一层都在前方装备了吊桥，一旦接近城墙就能马上放下来，这时候藏身于塔中层的士兵们就可以冲出来跃上攻城梯。塔底层则存放着攻城槌，这是一根前端装着铁头的巨型圆木，悬挂在一个专用框架上，士兵们可以利用攻城槌的巨大冲力来撞击城墙。同时，一旦城墙上有裂缝出现，楔形的撞锤也可以当做一根粗大的撬棍，插进城墙并左右来回摆动，将更多的石头从城墙上撬下来。

攻城塔的弱点在于其必须位置摆放得当，而防守方往往早就在壕沟、护城河、外墙等地严阵以待了，他们会千方百计地阻扰攻城塔进入有效作战距离。所以，进攻方一定要先把水排干，再将护城河以砂石填满，还要为攻城塔修建一条专用车道。在拉吉围攻战中，护城河倒不是什么问题，最大的障碍是悬崖和半山腰上 12 米高的城墙，而城墙下的地势过于陡峭，攻城塔根本无法立足。于是，亚述人的工程师们因地制宜，开始修筑一个专为攻城塔打造的坡道。

亚述人就这样步步为营，修起了一条宏大的坡道。终于，城墙近在咫尺了。坡道足够宽，底座有 60 米，随高度向上逐渐收缩到 15 米，坡道也足够高，达到了城墙的半山腰，而这个高度足以让攻城塔的顶层与外墙的城垛持平。亚述人使用从附近城市掠来的俘虏，迫使他们冒着防守方的密集打击来修建这个坡道，这其实也是在逼着防守方要首先向自己的同胞开火，才能够延缓坡道不断上升的进程。

与此同时，亚述人也加紧建造了 5 座攻城塔，每座塔都装备了巨型的木质车轮。几十架带钩子的云梯也准备停当，一旦士兵们攻到城墙边上就能将其抵在墙上。万事俱备，亚述人发起了进攻。攻城塔底层的士兵首先发力，他们肩并肩地将这件新型的作战武器沿着坡道推向城墙。士兵们待在木制的攻城塔里，可以不用担心城墙上射下来的弓箭。而且，为了避免火灾隐患，攻城塔所有暴露在外的表面部分都用浸过水的皮革包裹。随着攻城塔向前推进，一排排的弓箭手也不断地向防守方的城垛内倾泻箭支，每一个弓箭手还专门配备了一名盾牌手，这样一来弓箭手就可以没有后顾之忧地射箭攻击了。亚述人多兵种协同作战的能力在此次战争中展现得淋漓尽致。

当轮式攻城塔抵达城墙时，其他那些装备了云梯的步兵们就会开始新一轮的骚扰进攻。在快速射击的弓箭手的掩护下，步兵们蜂拥而上，手持盾牌、长矛和短剑，在城墙的各个角落开始灵活地攀登。他们的主要目的是将防守方的兵力从主门楼和坡道上方的城墙处调动开，这样攻城槌就可以大展身手了。最终，城门及防线终于被攻破了，亚述人的军队得以长驱而入。剩下的事情就只有生灵涂炭了：城墙四分五裂，建筑土崩瓦解，城主甚至被活剥了人皮。胜利者以木棍刺穿俘虏的身体，或者用短剑刺瞎俘虏的双眼，还屠杀了数千名居民。那些幸免一死的人也被流放到偏远地带，终生为奴。拉吉古城，就像被行军蚁洗劫过的白蚁巢穴一样，自此灰飞烟灭。

上述两场战争之间有很多令人震惊的相似点：都是一个固定的群居点遭遇了比自身更强大的入侵者；防守方都修建了坚固的城墙，关口都为数不多而且戒备森严。一般情况下，这样的堡垒易守难攻，足以将大多数来犯之敌拦在城外。

在拉吉古城的时代，大多数军队都缺乏必要的工程师、给养和时间来实施一场旷日持久的围攻战。要么饿死、困死城内的守军，要么破墙而入，不管采取何种策略，都需要数以万计的士兵在外驻扎好多个月，有时甚至是好几年，而且是在危机四伏的异国他乡。首先，大军远征先要自保，除了安营扎寨，营地四周的堡垒也必不可少。这意味着大量的食物和木材供给。其次，入侵者的后方空虚会给敌人留下可乘之机，所以还必须留下足够的军力来镇守老窝。这意味着军队必须要规模庞大且调度有方，否则很难在有万人大军在外浴血奋战的同时，保障后方大本营的安全。所以人们经常说，打仗实际拼的是后勤，一场成功的围攻战早已超出了寻常国家的国力。大多数时候，入侵者唯一的选项是强攻城墙与门楼，而在这种形势下，门楼是一种非常有效的防御策略。

从某种意义上说，城墙的本质和隧道是一样的。它们都将入侵者的活动范围限制到了一个有限的区域，例如狭窄的关口，这样入侵者的数量优势就被抵消了。不管城墙外有多少士兵，能够同时进入门洞那个狭小空间的就只有一小撮。防守方的周遭都有石板保护，而那些闯进门洞的入侵者就暴露无遗了。

白蚁也是防守大师，深知守住门户的重要性。行军蚁的强势在于数量，海量的蚂蚁同时冲上来又撕又咬，没有什么猎物，不管是蚂蚱还是蜘蛛，可以抵挡这种排山倒海的攻势。兰彻斯特的平方律用在这里恰到好处，以优势兵力集中开火就跟几千只蚂蚁同时攻击一样，再强的对手也束手无策。但是，白蚁丘恰恰是应对这种策略的一种极佳选择，只要守住门户，行军蚁再多，一次也只能进来几只，其战斗力再强也发挥不出来。正所谓一夫当关万夫莫开，战场变了，战争的形式也从群体攻击变成了某种形式的对决，这不就和蝼螂守卫隧道是一样的道理嘛。别忘了，在这种战争态势下，武器精良者胜。

行军蚁中的兵蚁同样长着超常的大头和大颚，但它们在白蚁中的同行更出格。行军蚁需要在多种作战任务中寻求平衡，而白蚁则追求作战策略的简单化。行军蚁打的是追袭战，讲究赶上猎物、背后突袭，所以它们需要在机动性和攻击力上达成平衡。白蚁则不然，它们的士兵基本不挪窝，要做的就是把守住门户，碰到什么就死命咬什么，所以只需要强大的攻击力就够了。当二者在狭窄、坚实的隧道中相遇时，当然是白蚁获胜。

只要城墙不倒，城市就不会沦陷，对动物和人类而言都是这样。但一旦墙倒门破，就意味着大祸临头、全盘皆输。拉吉古城毁于当时世界上最强大的军队，这背后是大量的多兵种协同作战，而白蚁丘的天敌则是食蚁兽。非洲食蚁兽体重为60多公斤，是白蚁兵蚁的1 000万倍。它们虽然有些笨重，但其强壮的腿和长长的爪子是挖掘白蚁丘的专用机械，一只食蚁兽就好比一辆移动的推土机。食蚁兽可以轻易地从侧面进攻，击穿白蚁丘，然后再用细长、黏黏的舌头在蚁巢里一卷，白蚁就进肚子了。食蚁兽并不斩尽杀绝，它们吃饱后就会溜达着离开，但是它们给白蚁丘带来的破坏可不是一时半会儿能修补好的。食蚁兽就仿佛是达成了使命的攻城塔。这个时候，万一行军蚁发现了门户大开的蚁巢，那白蚁的灭门之灾就开始了。没有了堡垒的庇护，战争的优势又重新回到了数量较多的入侵者一方。

在本书中我经常将动物和人类的武器进行对照，试图揭示两者在演进历史上的相似性，包括环境如何影响武器的演进、选择如何塑造武器的性能，以及演进的道路如何随着时间而变化等。我特别关注的是终极武器出现的条件，也即触发军备竞赛的三要素，以及武器演进的次序、阶段等，在这些方面，动物和人类呈现出了诸多异曲同工之妙。但是，问题又来了，两者之间到底有多相似？

牙齿和角都是动物躯体的一部分。例如，麋鹿的鹿角在发育阶段就已经初显雏形，而背后决定这种发育过程的是麋鹿的 DNA。精子中携带着父辈的 DNA，如果某头公鹿可以成功地使母鹿的卵子受精，那么它的 DNA 就提供了一个其后代制造鹿角的模板。通过 DNA，鹿角如何生长的信息就遗传了下来，自然而然地，子辈的鹿角与其父辈的鹿角就非常相像了。武器就仿佛是传家宝，是经由一代代传递下来的。

可人类的文化特质呢？比如我们如何穿着、如何表达、如何沟通、如何建造住所、又如何制造武器，诸如此类的一切行为特征也是代代相传的。同时，随着斗转星移，时过境迁，这些传统也会发生变化。就和动物身体的某一部分一样，文化特质在不同的种群之间也表现出了精彩纷呈的多样性。然而，文化特质的信息并没有编码在 DNA 之中。所以，长久以来，生物学家在生物进化和文化进化之间划了一条界限。而现在，这条界限正变得越来越模糊。

我坚信，将这条界限彻底抹去，是一件颇有前途且鼓舞人心的事情。不过，我们也需要先来梳理一下两者之间的不同点。很显然，两者至少有一个不同点：人类制造武器的原材料来自外界，武器也并不是我们身体的一部分。我们可以随心所欲地淘汰或者改造武器，动物则似乎没有什么选择。

慢着！动物也会构建身体以外的构造啊。白蚁丘就是一个典型的例子嘛（见图 12-1）。还有，海狸会修水坝，鸟类会搭窝，蜘蛛会结网，老鼠会打洞……这些技能都不是生成一个什么器官，但又都是能被复制的行为，从个体到个体，一代接一代，薪火相传。这些技能通常是通过基因传承的，但有时候，有些技能也不是先天就会的，而是通过后天学习、实践得到的，这跟人类不是很像吗？

生物进化和文化进化的另一个不同点在于：文化信息的传播比基于DNA 的传播要广泛、快速得多。文化传承常常来自长辈与后辈之间的耳濡目染，但又并不仅限于此。怎样制造一支步枪？怎样建造一座城堡？这些技能可以在培训学校中传授，可以由海外驻军教给当地人，甚至也可以由间谍偷偷地窃取。所以，文化信息是通过学习得到的，而不是通过遗传获得的，它的传播比基于 DNA 的传播更加自由。至少，我们是这么认为的。

图 12-1　各式白蚁丘

　　但事实证明，基于 DNA 的信息传播并不像生物学家起初想象得那么刻板。通过对基因序列的研究发现，越来越多的物种实际上一直都在互相置换信息。细菌经常会"攫取"其他物种的 DNA，哪怕是亲缘关系相差甚远的物种，如病毒、动物、植物等，这像不像间谍从外国政府或企业里窃取机密？细菌的基因中大约有 1/5 是外来的，我们之所以对此没有强烈的感觉，还是因为细菌毕竟太小，我们经常会忽视它们。但是，别忘了，全世界一共有上千万种细菌，其中大约有 4 万种就居住在你我体内。在地球上，细菌才是最主要的生物，所以从任何生物进化的理念来看，我们都必须承认：细菌通过 DNA 传播信息，要比文化的传播更加迅捷。

　　DNA 并非信息传播的唯一媒介，这一事实说明，还有其他的进化方式可以起作用。有些病毒会将遗传密码存放在 RNA（核糖核酸）而非 DNA 内，而病毒会进化。它们可以不受拘束地重组。1918 年的流感大爆发是禽流感和人流感病毒混合的产物，2009 年的甲型 H1N1 流感则是猪流感、禽流感和人流感病毒混合后引发的。在计算机的世界里，尽管没有RNA和DNA，但程序代码就是一种自我复制的单元，而它本身的进化竟然跟很多自然种群的进化方式非常相似。所以，不管是何种进化，都一定需要借助某种信息的传播和复制机制，但这种机制并不是唯一的。

基于这些理由，以上两个生物进化和文化进化的不同点并不成立。真正将生物进化和文化进化区分开来的，是以下两个方面。**首先，在生物系统中，新变种的源头是突变，DNA在细胞分裂时，其复制过程可能会出现错误，从而导致突变。**突变并不常见，且总是随机发生的。新型的人造武器也有可能是由随机事件导致的，比如在生产过程中出现的事故等。但在大多数情况下，对人造武器的改造都是刻意而为的，是被工程师和设计师不断完善产品的意愿驱动的。阿基米德、达·芬奇、奥本海姆等一些伟大的头脑都曾致力于开发更新、更好的武器。既然由此而产生的所谓"变种"其实是深思熟虑的产物，那么这些变种的产生就要比生物界更快、更有建设性。但是，无论是什么形式的变种，进化的本质并没有变，所有的变种都要经历自然选择的审判。

其次，也许也是最重要的不同点：文化特质的成功与拥有这些特质的人是否获得了繁殖机会无关。这里我们先来看看麋鹿。鹿角的进化当然无法与繁殖机会脱离关系。那些在雄性争斗中的胜者才有机会拥有更多的后代，进而才能将鹿角的特性通过繁衍后代传承下去。鹿角作为一种武器，它的演进和麋鹿的演进有着千丝万缕的关系，两者的信息复制机制完全重合，我们不能把它们割裂开来。当我们说一种鹿角的"种群"的时候，其实就是在说麋鹿的种群。

文化的进化就不是这样了。我们再来看看步枪，步枪作为一种武器，是在枪支专卖店或工厂里生产出来的，并不是在某个人的子宫里孕育出来的。步枪的制造方法是以文档的形式复制传播的，而不是 DNA。文档当然是在人跟人之间传播的，但文档的份数是多是少，与使用文档的人有多少个后代完全风马牛不相及。同样，某种型号的步枪是否能够获得广泛使用，也与制造、使用这种步枪的人是否拥有后代八竿子打不着。最后，当我们说步枪的"种群"时，指的是在同一时间点上的所有步枪，这和人类的种群也没有关系。

生物进化与文化进化还是在两个不同的层面上发展的。偶尔，两者会发生交叉影响，例如，拉吉古城的灭亡当然会影响到其居民的繁殖成功率，但在大多数时间里，二者的发展是分开的。人类本身会进化，人类的武器也会进化，但它们都是按照各自的规律独立前行的。好，只要搞清楚二者之间的区别，我们就可以继续放心大胆地将动物武器和人类武器相提并论了。

在第一次世界大战末期的时候，步兵需要一种新型武器的呼声越来越高。工程师们绞尽脑汁，试图把步枪的便携性和当时已经出现的机关枪的速射性结合起来。第一种此类枪械是俄罗斯费德洛夫自动步枪（Russian Fedorov Avtomat），它可以看作是日后突击步枪的鼻祖。但这种步枪没有量产，主要原因是其使用了手枪弹药，火力太弱，子弹射出 30 米之外精度就太差了。法国的绍沙轻机枪（Chauchat）稍好一些，在第一次世界大战结束前总计生产了 25 万支。但是这种枪械使用的弹药火力太强，导致其在自动开火时后坐力无法控制。不久后又陆续出现了法国的全自动卡宾枪 M1918（Ribeyrolle）、丹麦的 M/1932 新型轻机枪、希腊的 EPK，这些枪均采用了中口径弹药，综合考虑了几百米内较好的射击精度、最小的后坐力，以及最好的枪身控制力等多个因素。这几款武器的缺点是过于笨重，同样，美国的 M1918 勃朗宁自动步枪也有这个问题。到了 1942 年，德国人发明了 MKb 42 (H) 和 Stg 44 突击步枪。3 年后，美国又生产出了加强版的 M1 步枪，在步枪上增加了 20 发可拆卸弹匣，并且可以在手动和自动两种模式间切换。不过，弹药火力太强的问题还是没有得到解决。后来，美国在 M16 步枪中缩小了弹药尺寸，也改用了中口径弹药。

1949 年，俄罗斯的卡拉什尼科夫自动步枪（Avtomat Kalashnikova，简称 AK47），也加入了这场突击步枪的竞赛。AK47 集中了其他所有型号的优点，一经出世便傲视同侪。它使用了中口径弹药，装备了弧形、可拆卸弹匣，射击流畅性很好。比起其他早期的突击步枪来说，它的枪管更短，重量也更轻。尤为重要的是，这种步枪成本低廉，可以快速量产。AK47 组装容易、上手简单，在大多数极端环境下可靠性都极高。正是基于这些优点，AK47 很快就叱咤沙场并风靡至今。在诞生 60 多年后的今天，AK47 已经衍生出了极为丰富的各种型号，堪称人类历史上最获首肯、最具魅力的枪械家族。据估计，人类已经生产了将近 1 亿支这种步枪，也就是说，平均每 70 个人就拥有一支 AK47。

显然，突击步枪的发展进程就是一部不折不扣的进化史。无须什么 DNA，只要借助于文档和计算机辅助设计，步枪的各种制造细节就能够被忠实、严格地复制下去。从任何 AK47 生产线上出产的枪械都是 AK47，绝不是 M16s 或 Stg44s。工程师们也在不断调整设计，尝试各种可能性，开发各种变体。虽然这些尝试大多数都失败了，但只要一有可行的措施出现，相应的改进就会很快体现在更新的型号中。尤为重要的是，无论是市场还是战场，都在积极地行使着选择的职能，那些生产成本太高、容易卡壳、经常误射或者过于笨重的劣质品，都会被及时淘汰掉。正如雄性争斗造就了鹿角的形状、自然选择左右着动物武器的发展，战争是突击步枪屡试不爽的试金石，现代化战争的各种条件叠加在一起推动了突击步枪的发展。

只要我们心中有数，将注意力放到武器本身上来，无论是鹿角还是步枪，而不是关注于使用这些武器的动物或人类，我们就会发现，二者遥相呼应、一脉相承，若将其加以比对，一定会获益良多。不要自寻烦恼，不要将步枪的进化和人类的进化混为一谈。突击步枪的主要作用是杀人，死人不会再有新的后代，从这个意义上讲，武器的确会影响人类的繁殖成功率，但武器如何演进与此无关。某种型号的步枪是否成功，是由其在同时代的同类武器中是否能够脱颖而出所决定的。其他的武器，无论是战船、城堡，还是弩炮，都是如此。只有这样，成功的设计才能流传，失败的产品必被抛弃。所以，我认为，操纵着武器向前发展的各种条件，在动物世界和人类世界中，都如出一辙。

我和玛雅城堡的第一次邂逅纯属偶然。1990 年，由于要参加普林斯顿大学的一个热带生态学课程，我在伯利兹的热带丛林中待了两周时间。正逢连绵不断的雨季，我们虽然在帐篷周围挖了排水沟，但还不够。泥水糊了我们一脸，还溅得衣服、睡袋和设备上到处都是。橡胶鞋里也咯吱咯吱作响。我们拿来一块柏油帆布，拉在两棵树之间搭了个棚子，就权当"厨房"了，接着又用干的棕榈树叶子搭了个"实验室"。这是我第一次在热带雨林中工作，除了冒冒失失差点被镰刀割断大拇指，还有某个晚上被蝎子蜇了一下以外，其他一切都很好。别说，我还真迷上那里了。我们这个课程本来的作业是自行设计并开展一项生物学实验，不过第一天我就误打误撞闯入了一个宛如仙境般的地方，从此便无法自拔。我只能跑去恳求教授把我的作业换成了一次探险之旅。

在距离营地 1~2 公里远的丛林深处，隐藏着一座失落的玛雅之城。一眼望去，在阴暗的地面上，影影绰绰竖立着很多座高达 15 米左右的金字塔。几个世纪以来，热带雨林进进退退，早已把这些金字塔变成了一座座土山，塔身上藤蔓交错，枝丫横生。数千年以前，这里是繁华喧闹、门庭若市的城市中心。而如今，一切都悄悄地隐身于森林之中，鲜为人知。

我要去探险的就是这座玛雅古城，还打算绘制一幅古城地图。一点绘图经验都没有的我，居然拿着个指南针和速写本就上路了。每天我都穿梭于森林之中，在泥水中跌跌撞撞地拨开盘根错节的藤蔓，爬过层出不穷的树枝，直到我能够身临其境，将那一座座土丘画在纸上（见图 12-2）。从土丘侧面的盗洞可以看出，有些金字塔已经被人洗劫过了。时不时的，我还可以看到孤零零矗立在金字塔前的石碑，这一定是很久以前用来宣扬那些已故首领的丰功伟绩的纪念物。在调查作业结束时，我一共发现了超过 25 座散落在各处的金字塔。

当地人以拉米尔帕来称呼这座玛雅古城（我可不是第一个发现它的

人）。在我造访过它两年以后，正式的考古挖掘也启动了。如今，人们证实拉米尔帕城兴盛于公元前 400 年，衰落于公元 850 年，在鼎盛时期容纳了 1.7 万余人。它与拉吉古城一样，也是盘踞在陡峭的悬崖之上，俯视着周围的平原。不一样的是，拉米尔帕城似乎没有那么森严的壁垒。就连距离拉米尔帕城不远、规模更大的蒂卡尔城（Tikal），也只是草草地以一道深沟和一堵矮墙设防。这两座古城都代表了人类最为辉煌的古文明，而且玛雅人也以战斗民族著称，但为什么它们都没有拿防御工事太当回事呢？

图 12-2　作者手绘的拉米尔帕古城草图

堡垒的形式、作用几乎千篇一律。很少有军队具备足够的财力和物力，以远征之师对某座堡垒展开有效的围攻战。就算是入侵者有足够的实力，光是防守方所占据的"地利"就足以将其吓倒了。想想看，茫茫的安第斯山脉中，1 200 米高的悬崖，宽阔宏大的峡谷，无边无际的丛林，随处可见的沼泽，一切都使得大军前行困难无比。攻城塔、石弩等攻城武器根本施展不开，这也是为什么尽管印加人、奥尔梅克人（Olmec）、玛雅人、

动物武器

ANIMAL WEAPONS The Evolution of Battle

阿兹特克人（Aztec）^①的社会已经非常发达了，财富、军备、政治组织等应有尽有，但他们从未发明出专用的攻城武器。

既然没有对手，高墙铁壁也就用不着了，简单的城墙足矣！在中南美洲，长久以来堡垒的设计就没有发生太大变化。从最早的文明遗迹开始（大约是公元前 5 000 年的印加人聚居地），一直到 16 世纪初西班牙人到来，所有的工事都不过是水沟、土丘、木头或者石头栅栏而已。大多数城市都建有城墙，但除了少数几个城市如特诺奇蒂特兰（Tenochtitlan）四面环水以外，其余的都秉持"够用就可以"的原则，并没有大兴土木。大部分的亚洲、非洲和北美区域也是如此。如果我们看一下 18~19 世纪的易洛魁人（Iroquois）和毛利人的聚居地，再看一下 1.7 万年前在新月沃土^②和安第斯山脉中的城市，我们就会发现，水沟还是那个水沟，栅栏还是那个栅栏，堡垒的形式也自始至终出奇地相似。

只有在中东、欧洲以及部分亚洲地区，围攻战日益频繁，堡垒在这里终于有机会得到长足的发展，其规模和机巧都达到了顶峰。我们在拉吉古城见到过塔楼、城垛，都是向外突出、便于防守，这使得近程的攻击处于劣势，攻城武器需要向远程化的方向演进。到了希腊化时代（Hellenistic Greeks）^③，军队已经装备了炮弹。利用投石机这种轮式机械，其依靠具有

---

① 玛雅人，是美洲唯一留下文字记录的民族，生活在墨西哥南部和中美洲北部。
　印加人，主要生活在安第斯山脉中段。印加帝国是古代南美洲最有影响力的文明社会。
　奥尔梅克人，生活在墨西哥东海岸，以艺术才能著称。
　阿兹特克人，生活在墨西哥中部和南部，今天的墨西哥城就是他们建立的。
　他们都是居住在安第斯山脉区域的古印第安人。
② 新月沃土是指位于两河流域的一连串肥沃土地，在亚欧非三大洲之间。从地图上看好像是一弯新月，因此被考古学家称为"新月沃土"。
③ 希腊化时代，从公元前 323 年亚历山大大帝去世开始，地中海东部、小亚细亚、埃及等一系列国家和地区都逐渐受到希腊文明的影响而形成新的文明。同时，通过战争，这些希腊化地区又不断地被罗马帝国吞并，希腊化时代逐渐过渡到了罗马时代。

弹力的巨型吊带或者木制"勺子"可以轻而易举地将巨石抛射到几百米远的地方。而多人操作的巨型床弩（Giant Catapults）也可以发射带有铁尖的长矛。巨石能在城墙上砸开大洞，也能毁坏城垛。如果能够正中塔楼则能够发挥出巨大效力：凡是边边角角都是薄弱之处，巨石砸上去后，塔楼会被崩落一大块，随之城墙也会塌陷一片。

炮弹的巨大破坏力反过来又迫使人们想方设法遏制远程武器。为了避开投石机的射程范围，人们开始在原有城墙之外建造新的外墙。外墙包围的范围要比内墙大得多，经常绵延好几公里，因此也昂贵得多。但是俗话说得好，墙就是用来打破的，所以光有墙还不行，外墙上还必须部署全套的防御措施，包括锯齿形的棱堡①、半空伸出的阳台等，每隔一段距离还要设置一座塔楼。外墙的出现暂时将攻城武器挡在了外面。但是好景不长，既然攻城武器无法靠近，那么就把炮弹的弹丸弄得更大些吧！到了罗马时代，石弩②已经能够将几百千克的石头抛射到上千米远的地方了。

与此同时，城墙越来越厚、越来越高，攻城塔和攻城槌也越来越大。早期，在亚述人的时代，攻城塔只有两到三层高，加上攻城槌也只需由几十名士兵来推动。而到了后来，两者都愈演愈烈，攻城塔赫然增加到了十几层，需要配备超过 2 000 名士兵来推动。攻城槌则达到了 45 米长，单单一根就得约 1 000 人齐心协力才能舞动得起来。

城墙、攻城塔、攻城槌、投石机，这些装备竞赛你守我攻，互不相让。

---

① 棱堡（bastion），古代堡垒的一种，以墙根不留死角为目的设计的、有棱有角的堡垒。无论从哪个方向进攻，都会使攻击方暴露给 2 ~ 3 个棱面的交叉火力。
② 石弩（ongaer），也是投石机的一种，发射的时候很像驴子在踢腿，而 onager 的原意为"野驴"。——译者注

到了中世纪，一种新型的投石机诞生了，即配重式投石机（counterweight trebuchet，见图 12-3）。这种投石机利用重力和杠杆原理发射石块，效能一下子就超越了当时所有使用炮弹的武器。它比依靠弹力的投石机更精确、更强大，能将超过 160 千克的巨石抛射出去，而且射程足以覆盖大多数城堡的内墙范围。从这样的攻击中可以发现，采用方形结构的塔楼的确不堪一击，以致后来所有四四方方的塔楼都消失了。相反，圆柱形的塔楼在遭受直接打击时，其耐受力要强很多。其实，圆柱形的塔楼也很难被直接击中，当石头呼啸而来的时候，塔楼的弧度往往都能使其偏离方向。

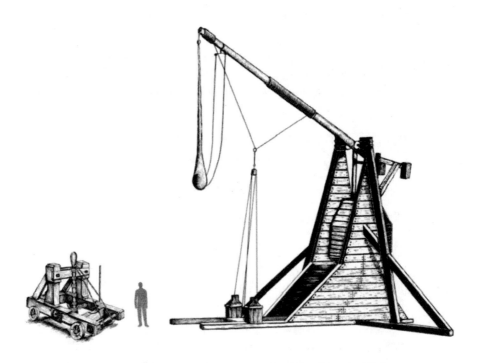

图 12-3　希腊时代的投石机（左）及中世纪的配重式投石机（右）

到了 13 世纪，在中东和欧洲大地上，所有割据一方的诸侯贵族都会建造一座属于自己的城堡，大大小小总计有 3 万多座。这些城堡都迅速演变成了今天我们熟悉的样子：巍峨、奢华。一道外墙、一道内墙，呈同心圆形状排列，城墙上每隔一段就有一座圆柱形的塔楼，城垛和箭孔星罗棋布，半空中伸出一座座阳台，地上都留好了投掷燃烧物的孔洞，门楼层层递进，相互呼应，对狭窄的、隧道般的入口严防死守，巨大的铁吊闸随时准备着落下来挡住咽喉要道。在地势上，几乎所有的城堡都坐落在高地之上，尽可能地营造一种居高临下的态势。最好是要么依山，要么傍水，如果两种条件都不具备，那至少也要把护城河给挖出来。在那个时代，城堡当之无愧是人类所建造出来的最为辉煌，也是最为昂贵的事物。

世事无常，火药横空出世。再宏伟的城墙在加农炮面前都败下阵来，到了 15 世纪末，已经没有人再愿意以那么高的成本来建造城堡了，简单来说，不值！城墙与攻城武器之间的军备竞赛就此结束。最后的赢家是火炮，在那以后，数千座散落在英国、法国、西班牙、德国和比利时的城堡都被荒废了。

不过，这场军备竞赛留下了一种新的堡垒形式，我们称之为"星形要塞"。这是一种脱胎换骨的堡垒，专门用于防御加农炮的攻击。原来的那些高墙、巨塔都消失了，星形要塞的建筑低矮平坦，围墙与壕沟之间专门修筑了能够抵消炮火威力的斜堤，而且围墙由一系列相互交叉的棱角组成，看上去就像有许多三角形的星形。这样做是为了避免将任何平直的、开阔的城墙暴露在加农炮面前，同时减少遭遇正面攻击的可能性，以多个墙面倾斜、三角形的棱堡来抵御各个方向射过来的炮弹。荷兰的布尔坦赫要塞（Fort Bourtange）就是一个很好的例子，它采用了低矮、倾斜、有棱角的城墙，并与土丘、壕沟相互交替配合，形成了一座迷宫。其奇妙之处在于，从地面上看这座要塞，没有什么太高的建筑物会被加农炮击中，从空中看又像极了一片片雪花交叠在一起。

很快，星形要塞在欧洲和美洲的殖民定居点风行起来。但是，英国和荷兰的殖民者只选择了在有可能遭遇加农炮攻击的地方来建造星形要塞。用这种做法来解释什么是成本与收益的平衡再合适不过了。例如，在克朗波因特（Forts Crown Point）、利戈尼尔（Ligonier）、安大略、弗雷德里克等地，它们都处在俯瞰港口或内陆河流的位置，正好在当时的海军列强的战舰火力范围内。而在内陆，堡垒的主要目的不是防御海军，而是防御土著人的进攻，形式上就又回归了那种传统、廉价、木栅栏式的防御工事，只是偶尔会有一些突出的高塔或阳台出现。

即便是星形要塞，等到开花弹出现的时候，也会出现力有不逮的时候。膛线炮的发明，使得炮弹穿透力强、爆炸效果好。在海上，膛线炮已经彻底终结了帆战船的命运，在陆上更是不把星形要塞放在眼里。很快，飞机投掷的炸弹也出现了，等到第二次世界大战开始的时候，已经几乎没有什么地面目标是安全的了。人们的防御工事只能向更深的地下发展，各类错综复杂的地道、地堡开始大行其道。

在 1940 年的"不列颠之战"中，最安全的掩体都是深埋地下的暗道。由于极其缺乏此类工事，多达 15 万的伦敦人每天蜷缩在迷宫般的地铁隧道内过夜。法国人出于阻挡德国入侵的目的，重金打造了马其诺防线，延绵上千公里。这道防线也几乎全部是地下工事。日本人则在太平洋岛屿上的石灰岩层中，费尽心机地挖掘了数不清的隧道、炮仓和兵营。由于有厚厚的岩石保护，不管飞机、战舰如何狂轰滥炸，人们依然安然无恙。到了最后阶段，只能通过血腥的肉搏战将这些据点一一清除。盟军在进入北非战场的时候，艾森豪威尔在直布罗陀的指挥所也是建在山底深处的。

地面堡垒的时代一去不复返。当下，基地组织、塔利班等非法武装组织都选择藏匿于深山地下。美国政府则还在一直维护着冷战时期留下来的掩体，例如科罗拉多州夏延山里的地下工事，这些设施当年可都是耗资几十亿美元修建的，如今它们仍然潜伏在距离地表几百米深的地方，默默背负着几百万吨重的坚硬岩石。

枪炮与堡垒，这一对冤家对头都是人造产物，但它们的进化历程却和动物武器一模一样。如果枪炮性能领先了，就会促使人们开始设计更新、更好的堡垒。反之亦然。来回拉锯、螺旋上升，军备竞赛，莫不如此。由于堡垒处在一个固定的位置上，进攻方和防守方的角色很容易区分出来，所以枪炮与堡垒的关系，就与动物世界里的捕食者和猎物的关系非常相似。而在本书接下来的部分里，我将会继续给出一些不属于捕猎者与被捕猎者关系的例子，由于双方旗鼓相当，相互间的竞争关系很容易让人联想到甲虫或麋鹿之间的争斗。

国之利器

13

ANIMAL WEAPONS
The Evolution of Battle

嘘，这么做不对！虽然明知这一点，我还是按捺不住，隔三岔五地就划着独木舟，横渡加通湖，再溜进巴拿马运河的主航道里。在晚上，我会等集装箱货运船突突驶过的时候，趁机贴身上去。我年轻气盛，总想着自己一定要与巨轮，与这些运河上浮动着的"摩天大楼"并肩前行试一试。挑战在于，我想知道自己到底能离这些巨轮有多近，如果足够近的话，比如说，相距只有 1.8 米，我就能拿着桨拍拍巨轮的船身，还能在船头分出来的大浪中戏耍一番。

货运船上不会有人发现我，一来是有夜色的掩护，二来是开船的人离我还至少有一个街区那么远呢！别忘了，这些集装箱货运船都是大船，仅甲板就有 3 个足球场那么大，上面还堆叠着数以千计的集装箱，每个都有半辆卡车那么大。还有舱室，就是货运船顶层一圈熠熠发光的窗口，总计约 30 米高，始终矗立在船体尾部。从船头入水切入的点算起，船员们离我至少还有 400 米远。

我常常会潜伏在运河边上，一边随着水位上涨轻轻起伏，一边等着大船靠近。涡轮发动机的"嗒嗒"声越来越响，船身的影子也越来越大，很快，一头庞然大物就冲我压过来了。黑暗中，白色的泡沫四处飞溅，我可以很精确地定位出船头的位置，并以此为基准，滑到离大船约 10 米的地方打住，这样我就可以等着来一次刺激的"擦身而过"了。首先滑过来的是船身的前缘，向上望去，船壁得有 5 层楼那么高。接着映入眼帘的，是一个拖拉机大小的船锚，从一个洞里面伸出来，挂在离我头顶 15 米高的地方。一看到它，我就赶紧卯足了劲朝着钢制的大船侧面划去，冲到近前、挥桨相击、马上调头、打完就跑，还正好能赶上一股 1 米多高的浪头让我弄潮一番。我的举动对集装箱货运船而言当然是螳臂当车，大船仍然义无反顾地前行，直到逐渐消失在远方。这时候，运河上就只剩下大船尾迹中的泡沫还在原地打转了。

就是这些待在独木舟上的夜晚，让我对舰船尺寸的演进有了极其鲜明、前所未有的认识。我与之"较劲"的大船重量是独木舟的 200 万倍，排水量约为 6 万吨。舰船的设计由来已久，正是人们对运输效率的孜孜以求，催生了此类巨无霸般的集装箱货运船。

在很多方面，运载工具都和动物很相近。它们移动时要消耗能量，也需要平衡载重能力和机动性能之间的关系。长期以来，各种地形、各种任务都推动着运载工具不断演进。有些专长于运输，有些是速度优先，还有些专用于格斗。不同的运载工具之间也会有竞争，优胜劣汰同样是铁律。在很多情况下，这样的竞争类似于争夺赛或追逐赛，速度和机动性更重要些，那些笨重的装甲、枪炮之类的东西并不是头等大事。然而，在某些特定情况下，武器大者胜，既然越大越好，军备竞赛就又会提上日程。

运载工具的军备竞赛同样需要满足三要素，只是更难察觉、诀窍更多而已。在动物世界里，前两个要素竞争和经济效益都显而易见、立竿见影，没有这两个要素，动物们根本犯不着起冲突，而两者加在一起就构成了冲突升级的诱因。第三个要素——对决加进来后，也使动物们尝到了武器升级的甜头，提升武器的尺寸变得更加有利可图。三要素结合在一起，使得武器的演进在终极化的道路上越走越远。

对于舰船、飞机这类运载工具而言，前两个要素是由制造和使用武器的国家决定的。国家相争，兵戎相见往往不可避免，表现在运载工具上就很可能是舰船之间攻击力的较量。最终军备竞赛是否启动，还取决于军事对抗的细节。是否越是大型的武器胜算越大？第三个要素对决是否已经箭在弦上？

古地中海军舰的演进曾经历了一段长达几个世纪的停滞期。那时还处于划桨战船的时代，战船还主要是人力驱动的运输工具。突然，一项技术上的小型革新永久性地改变了军舰的作战方式。大约在公元前700年，有人在船头的吃水线附近加装了一根黄铜质地的杆子，刹那间，战船从单纯的运输工具变成了一件武器，开始采用直接冲撞其他战船的战术，并试图破坏船体、击沉对手。在这种情况下，战船之间都是近程、一对一的单挑，从而也满足了军备竞赛的第三个要素。冲力大意味着速度快，速度快意味着桨手多，而桨手多也就意味着更大的战船。

于是，工匠们开始增加桨的数目，给每支桨增加更多的桨手，甚至还增加桨的层数。短短几个世纪之内，原本 3 米宽、27 米长、50 人划动的小船，一跃变成了双体、130 米长、4 000 人划动的巨船。巨船威武、雄壮，然而船身过于庞大，速度不快，实际上根本无法靠近敌船，更不用说撞击对方了。至此，桨手多这一优势就被体型笨这一劣势给抵消了。看起来，这一次舰船演进的钟摆有些用力过头，一下子弄出了大而无用的产物，完全背离了本意。当然，也有一些新功能的出现令人惊喜，由于那些最大的战船采取了类似双体的结构，它们的甲板足够宽，也足够稳，所以用来运输弩炮或者其他火器倒是挺合适。不过，这点好处远不足以与其高昂的造价相称。军备竞赛到此打住，钟摆又重新回到了小的方向，最终定格在了五桨座战船这一点上：40 米长、300 名桨手划动、五桨座，吨位足够大、杀伤力足够强，但都不过分，也不累赘。由于恰到好处，在这次人类海军史上的第一次军备竞赛结束后，五桨座这种设计还维持了超过 1 000 年的生命力。

一直到 16 世纪，技术革新以及海战形式的调整，触发了另一轮军备竞赛。这一次的导火索是风帆战船的出现，也即以盖伦帆船（galleon）[①]为代表的大型帆船。风力推动的战船比起人力推动的战船来，船体更坚固，承受暴风雨的能力更强，所需船员更少，食物储备可以维持更长的时间，所以它在茫茫大海上的续航能力也更强。风帆战船的出现也改变了探险和商业航海的模式，使得那些海军强国得以在全球从事殖民活动。

早期的大型帆船在船首装备了两具加农炮，也可以算作是划桨战船

---

① 盖伦帆船，又被称为西班牙大帆船，16 ~ 18 世纪最为盛行的远洋帆船，在适航性能与载重性能方面都极为出色。人们熟知的"五月花"号就是一艘英国的盖伦帆船。

时代的撞锤升级到了现代版（你别说，有些最早的大型帆船也装着撞锤，尽管这些帆船本身根本不适合用来撞击）。帆船都比较细长，船首没有那么多的位置留出来给加农炮使用。本来也可以沿着上层甲板再加装一些大炮，但那样就会使船身容易倾斜、不稳定。后来人们又发明了可关闭的炮口，其实就是木质挡板，当遇到暴风雨的时候可以将其关上以防止水进入。这样一来，加农炮就可以被安放在船身侧面靠近吃水线的部位。由于位置较低，这些大炮又起到了压舱物的作用，船只的稳定性反而增强了。

于是，风帆战船就具备了船侧多门大炮齐射的能力，但战船需要先转身再开火，相当于将自己的船侧也暴露给了对手，这就导致了攻击必须在近距离内展开。那个时候，人们使用的还是滑膛炮，在最有利的条件下精度也高不到哪里去，更何况在海上，随着船身上下摇摆，最牛的神炮手也只能打中几百米之内的目标。在真实的海战中，大多数时候战船之间还要靠得更近，才能确保击中。人们用"桁端对桁端"（yardarm to yardarm）形容这种作战距离。战船之间又出现了我们熟悉的对决形式，军备竞赛重出江湖。

下面的故事似曾相识：更大、更多的加农炮杀伤力更强，而这需要更大的战船，大型帆船的尺寸于是便水涨船高。一排加农炮变成两排，两排变成三排。在 15 世纪的时候，战船上一开始搭载着 60 门大炮，很快就成了 74 门，然后是 100 门、120 门，到了 18 世纪甚至多达 140 门。大型帆船的尺寸、造价节节攀升。而等到一种新型的枪炮，即使用开花弹的膛线炮出现时，人们又发现木质船体在这种大炮面前不堪一击。就跟划桨战船一样，那些最大的风帆战船也仿佛一下子成了华而不实的玩意。

比较一下这两次海军史上的军备竞赛，即划桨战船和风帆战船，我们从中可以发现一些共同特点。船型的改变将导致作战方式的改变，而且总是将竞争朝着有利于大船的方向推动。较大的战船通常会占据更多的优势，而当甲虫保卫自己的隧道，或者北美驯鹿挺起鹿角、正面决战时，也是这样。所以说，战船的尺寸的确重要，而且只要舍得造大船，就一定会有回报。同样，我们这里说的大船，指的是"比别的船都大"，是一个相对概念，而只要任何一方有所进步，另一方就会马上跟上。看起来这种军备竞赛始终是动力十足。但实际上总有一天，在最大的战船造出来后，人们却又发现不合时宜了，以前那种螺旋式上升的趋势瞬间土崩瓦解。不管战场环境和细节如何变化，比方说有时速度或许比尺寸更重要，这种一一对决的动态模式仍然是放之四海而皆准的标准，可以用来解释大型帆船、无畏级战舰、坦克、飞机等多种武器的演进。

莱特兄弟在北卡罗来纳州小鹰镇（Kitty Hawk）的一片沙丘上成功起飞，由此开启了飞机的演进之路。仅 10 年后，飞机就已经被用于实战了。第一次世界大战伊始，飞机主要承担的是侦察任务，通过在战场上方巡逻来获取军队调动和武器部署的情报。这时候飞机的机身是用木头和布匹制作的，单发螺旋桨发动机，时速可达每小时 160 公里。对于在地面上只能待在壕沟里的指挥员来说，飞行员所获得的情报非常宝贵。于是，交战双方都意识到了空中侦察的重要性，每一方都试图阻止对方的侦察。很快，各方飞机在空中相遇了，飞行员们各显其能，想出了很多奇招怪招来驱赶对手。有的是朝对方的驾驶室扔砖头，有的是拿绳子或链条往对方的螺旋桨上抛，更多的是飞行员自己带着手枪，等敌机飞过的时候直接瞄准对手开火。

第一次在飞机上安装机关枪的后果很悲催：子弹直接穿过了旋转中的螺旋桨片，木屑横飞，机毁人亡。法国人率先尝试改进，在木质桨叶的边缘装上钢片，试图以将子弹弹开的方式来规避这个问题。不过最终还是德国人想出了办法，他们从机械上将螺旋桨与机关枪的开火装置相耦合，这样每粒子弹都恰巧在旋转的桨叶之间的缝隙中发射出去。几周之内，法国人就如法炮制，甚至还做了一些改进。在之后的整个第一次世界大战期间，双方都开着可以向前方开火的飞机，你争我斗起来。

终于，飞行员可以大干一场了，空战应运而生。空中的对决往往会考验飞机的极限性能，飞行员们很快就知己知彼，对自家和对方的飞机性能了如指掌，并利用性能上的细微差异做起文章来，例如速度、爬升率或转弯半径等。飞机的大小不一定是最重要的，但速度和机动性绝对不能马虎。从此，飞机这种武器也不可避免地展开了军备竞赛。有时候，飞行员凭借高超的技巧、战术甚至是骗术，的确可以弥补某些飞机的缺陷，但是归根结底，还是性能优越的飞机取胜的可能性更大。空战的所有参与方，都在不遗余力地开发更好的飞机，今天是德国人的飞机遥遥领先，明天是法国人和英国人略胜一筹，再后来又是德国奋起赶上，一款又一款的新型飞机相继跃入天空，每一款都"更高、更快、更强"……

到了第二次世界大战前夕，军用飞机的造型和功能已经得到了极大丰富，飞机也越来越专业化。运输机和侦察机不同；战斗机和战斗轰炸机各有侧重；而重型轰炸机更是独具一格。但无论如何，战斗机的主要任务就是夺取制空权，在如火如荼的军备竞赛中，其速度和机动性一直是头号指标。

第二次世界大战结束的时候，螺旋桨战斗机（见图 13-1）中的典范，如美国的"野马"（P-51D Mustang），其时速达到了 700 公里。而第一架投入实战的喷气式战斗机，即德国的梅塞施密特 Me-262 "飞燕"，其时速已经超过了 800 公里。朝鲜战争中，空战的两位主角分别是美国的"佩刀"（F-86 Sabre）和苏联制造的"米格 -15"，其中"佩刀"能够在俯冲时达到超音速，与"米格 -15"在空中杀得难解难分。很快，Mach II 加力燃烧技术、空对空导弹等的发明又将战斗机向前推进了一步。现代战斗机在转弯时产生的加速力（G 力）已经达到了飞行员的生理极限，飞机速度再快的话，飞行员就会失去意识，价值数百万美元的飞机也将坠毁。于是，当代美国 F-16 "战隼"战斗机（F-16 Fighting Falcon）中，已经安装了电传飞行控制系统，可以将飞行员的操作与复杂的计算机软件整合在一起，以确保加速力不会超出飞行员的承受范围。

令人啼笑皆非的是，战斗机很快又要挑战慢速的极限了。超音速早已不在话下，但是很多空中格斗动作都需要近程机动，在时速 700 公里以下才能完成。所谓的"超机动"喷气式战斗机又面世了，例如俄罗斯的"苏 30 侧卫"、美国的"F22 猛禽"，其标志性的装备就是喷气式引擎上的可旋转喷嘴，在飞行时可以向不同方向喷射。

2013 年 8 月 28 日是航空史上第一次空战的百年纪念日。当时，英国飞行员诺曼·斯普拉特（Norman Spratt），驾驶着一架没有装备武器的索普威斯双翼飞机（Sopwith Tabloid biplane），迫降了一架德国人的双人座"信天翁" C. I 型侦察机（Albatros C.I）。打那以后，战斗机就成了军备竞赛中进展最快的武器。如今，战斗机已经演进成了一头超音速、超机动的野兽，还具备隐形、电子飞行控制、导航、瞄准等异能，还装备有精确制导的空对空导弹、空对地导弹和各种反导措施等。然而，战斗机的军备竞赛也离尾声越来越近了。

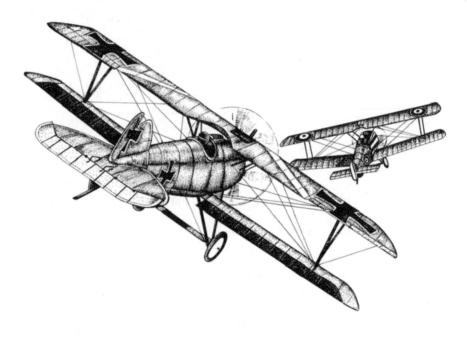

图 13-1　第一代战斗机

　　最大的限制在于飞行员。最新型号的飞机为了迁就人类的极限，已经开始降低性能指标了。实际上，计算机辅助控制的主要目的是减速，以防止飞行员昏厥。无人驾驶飞行器（unmanned aeriel vehicles，简称 UAVs），或是无人机，则没有这种局限性。而且一架无人机的造价比 F-16s 或者 F-22s 要便宜上千万美元。更小、更便宜的小型飞行器也已经投入运行，其翼展只有 15 厘米。在不远的将来，有人驾驶的战斗机真的会失去价值的。

第二次世界大战同样捎带促进了轰炸机（见图 13-2）的快速发展，但轰炸机所面临的挑战与战斗机截然不同。战斗机需要做出各种躲闪、翻滚、爬升等动作，轰炸机需要的则是死盯目标、直线飞行，当靠近目标的时候，飞机的速度、高度等都必须保持恒定。只有这样，投弹手，也就是那个按下投掷炸弹按钮的士兵，才能够瞄准。实际上，在炸弹投掷的最后阶段，飞行的控制权是要由飞行员移交给投弹手的。这个时候，不管发生了什么让飞行员心惊肉跳的事情，都不可能再去改变航向。

由于速度恒定，轰炸机的轨迹很容易被预测，与一个固定的城镇没有什么两样，所以很容易成为束手待毙的目标。实际上，轰炸机的演进的确跟堡垒或城堡的演进很相似。轰炸机不打轰炸机，它们重在防御，目标是要让敌方的战斗机拿它没办法。光秃秃的飞机当然只能等死，所以很快，人们就在轰炸机上到处都安装了突出的、可旋转的机关枪炮台，飞机的机头、机尾、机身上也都配备了各种枪支。其中的道理和城堡的防御工事一样，就是不留防守死角。这些飞机的取名也很有意思，充分反映了其设计理念，比如说 B-17"飞行堡垒"，或者 B-29"超级堡垒"。然而，由于轰炸机也不能太重，这就决定了无法在其机身上安装太多装甲，所谓建造"空中堡垒"的想法很快就破灭了。

图 13-2 轰炸机

　　最为壮观的军备竞赛是在国与国之间展开的。国家比运载工具更像动物，它们会贪婪地吞噬资源、争夺资源。古时候，屈指可数、值得大打出手的资源有人力、耕地、淡水和生存空间，还有铜和锡的储量。金属来之不易，还几乎全都用在了武器上。如今，人们为之大动干戈的除了原来的耕地、淡水与生存空间以外，还多了能源开采权这一项，主要是石油。国家的命运与自然资源息息相关，狼多肉少，当然会产生竞争。国家之间，谁与谁反目成仇，谁跟谁军备竞赛，谁又与谁全面开战，其实都比一般人想象得要容易预测的多。

在国家之间的竞争中，对峙的个体就是双方政府，武器就是各自的军队。历史长河中不断有国家诞生，也不断有国家灭亡，不过这种改朝换代并非本书的关注点，毕竟相比之下，军备竞赛的发展速度要快得多，没有任何一个国家可以独善其身。本书关注的是每个国家武装力量的成长与衰退。两国角力，不管是阳谋还是阴谋，军备竞赛都很容易从星星之火变成燎原之势，有一天我们会突然发现，一些军事大国拥有了远远超出军事小国的实力。而这种优势又会反过头来促使敌对国家奋起直追，较劲不已。

政治性的军备竞赛很难用动物世界里种群规模的此消彼长来比拟，更恰当的例子是两只雄性动物之间的冲突，比如两只在沙滩上相遇的旗鼓相当的招潮蟹。又有谁会甘拜下风呢？谁都不会。眼见推推搡搡变成了大打出手，见招拆招变成了直捣黄龙，双方都使出连环重击，很快就陷入了玉石俱焚、不可收拾的局面。国家又何尝不是如此呢？

翻开历史图册，看看各个时期的政治版图吧，大国、小国，还有各种各样的国家都一一展现出来。有些国家自古以来就富庶丰饶：疆土辽阔，资源丰盛，气候宜人，一派太平景象。有些国家则内忧外患、纷扰不止。富国比穷国所能掌控的以 GDP 为代表的资源池更大，在武器上的投入也就更加随心所欲。以 2011 年为例，美国的 GDP 约 15 万亿美元，是同期中国的两倍、俄罗斯的 8 倍、伊朗的 30 倍，更是蒙特塞拉特（Montserrat）和图瓦卢（Tuvalu）这两个岛国的 40 万倍。国与国之间的差异可见一斑。

每个国家，无论大小，都与招潮蟹一样，只有在满足了自身的基本需求以后，才能将剩下的资源用于武器制造。招潮蟹由数百万个细胞构成，细胞死了，招潮蟹也活不成。所以养活和保护这些细胞是招潮蟹的首要任务，大多数的资源消耗都是围绕这些细胞来进行的。国家的根本在于人民，国计即民生，教育、福利、公共安全以及高速公路才是国之根本。只有保证了民生，剩余的资源才能用来投入到军队、武器或者其他耗资不菲的事务上去。

少数几个富国拥有巨额可自由支配资产，可以投入在武器开发、技术研究以及舰船、军火、培训和人员等诸多方面。而大多数国家则没这份底气。还有不少国家干脆就没有余粮，在军事上花钱就等于自掘坟墓。但不管怎样，每个国家都在尽其所能地发展军队，同时，每个国家的军队规模都与国力相配。就和甲虫的角、北美驯鹿的角、招潮蟹的螯一样，军队规模能够忠实地反映国家的战斗力，因此，军队规模也就成了一种完美的威慑工具。

人类与动物之间的相似性不止于此。实力展示是招潮蟹的拿手好戏，它们以武器为旗帜，将自身的武力昭告天下。它们不断拉拉扯扯、摩拳擦掌，而一切都是为了互探虚实。无须真刀真枪，胜负高低已分。国家更是擅长此道，如果国力强弱毋庸置疑，国之大争不在台前，而在幕后就已经结束了。

只要手握重兵，威慑就能行之有效。正如小螃蟹绝不会和庞然大物较劲一样，小国也不会跟超级大国宣战。相反，小国只敢与小国叫板。同样，国家之间都讲究个棋逢对手。诚然，政治版图错综复杂，各种类型的国家都会牵扯其中，但最终能够真正同场竞技的，一定是势均力敌的对手。一旦真正拉开对决阵势，而且双方都拥有足够的可自由支配资产，国与国之间很快就会被拖入螺旋上升的军备竞赛。

众人周知，在美国于日本的广岛和长崎投下原子弹的那一刻起，国与国之间的交战规则就彻底改变了。在广岛投下的原子弹含有 63.5 千克的 U-235，爆炸当量相当于 16 000 吨 TNT，一道闪光之后，刹那间 15 万民众和整个城市就灰飞烟灭了。

第二次世界大战后，众多国家对核武器趋之若鹜，但极高的技术和成本门槛将大多数国家都挡在门外。能留在核游戏里的，毕竟只是少数。主要的政治版图逐渐聚集在两个敌对的超级大国周围，华约和北约都拉拢了一批"小兄弟"开始抱团，美苏之间互相摊牌变成了国际政局的主流。这不正中军备竞赛的下怀吗？在长达将近 40 年的时间里，这两个超级大国都倾其所有大力发展武器，把国家变成了令人匪夷所思的军火库。

美苏逐鹿全球，技术日新月异，武器层出不穷。早在冷战早期，苏联就积累了一支超过 450 艘潜艇的庞大舰队，在数量上远远超过美国。美国则在 1995 年将世界上第一艘核动力潜艇投入现役，这艘名为鹦鹉螺号（Nautilus）的潜艇可以在水下一待数月，穿行于大洋之间而不为敌方察觉。苏联人一觉醒来，突然间发现他们的几百艘潜艇都过时了，大骇之下立刻开始建造自己的新型核潜艇部队。

朝鲜战争之初，美国战斗机表现不佳，在与速度更快、机动性更好的米格 -15s 的对战中落了下风。美国人加紧技术攻关，突击造出了新的超音速战斗机系列，即所谓的"世纪系列"战斗机，包括 F-100 "超级佩刀"和 F-106 "三角标枪"。苏联人针锋相对，也开始建造新的超音速战斗机，从而催生出了米格 21、米格 23 和苏 15。

美苏两国你追我赶，难分伯仲。双方的坦克都不断演进，越来越强悍：装甲更厚、引擎更快、火力更强。到了 20 世纪 60 年代，美国人在坦克上叠加了创新型的载具技术。以 M551 轻型坦克（亦称谢里登，Sheridan）为例，它可以采用降落伞空投，也可以涉水。其最大的革新是它的主炮可以发射反坦克导弹。尽管人们对 M551 一直颇有微词，但从技术上来看这仍然是一款划时代的坦克。苏联人奋起直追，也随之启动了类似的项目，终于在 T-34 坦克的基础上开发出了 T-54、T-55，还有后来的 T-62、T-64、T-72 和 T-80，分别可以装载反坦克导弹或防空导弹。各种特种装甲车辆如防雷车、架桥车等都相继面世。到了 1980 年，苏联装甲部队的规模已经超过了 12 万辆。

海军舰队的规模迅速膨胀，轰炸机群的杀伤力和数量与日俱增，双方更是在战斗机的速度、威力和数目上不断加码。不过要说到目前为止发展最为迅猛的武器，还是核弹头及运载核武器的载具。早期的核弹头只能由轰炸机在空中投放，但是到了 20 世纪 50 年代，美苏就都具备了将核弹头与导弹相结合的技术。很快，洲际弹道导弹呱呱落地。

1957 年，苏联发射了第一颗人造卫星，从而拉开了"太空竞赛"的大幕。美苏双方表面上都宣称太空竞赛以民用为目标，但实际上暗流涌动，军事化的努力从未停止过。苏联人通过"伴侣"号人造卫星（Sputnik）昭告天下：他们有能力将核弹头投放到全球任何一个角落。美国人哪能咽下这口气，于是发誓全力发展导弹。结果就是，双方在火箭的推进系统、燃料、导航系统等方面都取得了长足进步。同时，核弹头也朝着小型化、大当量的方向不断演进，火箭顶部所能装载的有效核载荷显著提升。

到了 20 世纪 60 年代，双方都已经深受不断攀升的巨额成本之苦，但是由于已经势成骑虎，核弹头与导弹的数量只能继续激增。这时候，美苏两国的注意力已经从第一波核打击转移到了第二次核反击，双方都在研究最佳的防御策略。最显而易见的办法是拥有更多的核导弹，只有在遭受了第一波核打击后能够保存更多力量，才能笑到最后。同时，双方也都意识到，核导弹集中化的风险太大，必须分散化部署，这样，又出现了数不清的地下核武器发射井。

更有效的手段是移动发射架。苏联将发射架装在轨道车上以保持核弹头的移动性。同时，美苏都不约而同地将核弹头运上了潜艇，利用其机动性和隐蔽性来确保第二次核反击能力。双方又建立了载有核弹头的轰炸机轮番值班制度，这样就保证了从空中发动核打击的能力。到了 20 世纪 70 年代，美国成功研制出了隐身轰炸机，从此，无论是天上还是水下，都再难寻觅美国核导弹的踪迹。轨道车、秘密发射井、潜艇以及轰炸机等，多重保险措施虚虚实实地交织在一起，构建了一座扑朔迷离的核打击力量平台。

新型火箭取代了老式火箭；单弹头导弹升级为分导式多弹头导弹，这样每枚火箭都可以携带 2~3 枚独立制导的弹头；地形匹配导航系统的出现，大幅提升了命中精度；双方用于监控的电子和雷达系统也越来越先进，任何一方发射了导弹，另一方在几秒钟之内就可以做出反应。在 20

世纪 80 年代，美苏所拥有的核弹头数目已超万枚，核弹头的当量也从千吨级上升到了兆吨级，同时，核弹头的体型却越来越小，相应的，可供选择的发射平台种类越来越多。军备竞赛发展到这种程度，人类的核武器已经足够使自身灭绝上千次了。

1983 年，美国再次变本加厉，推出了采用固体燃料的"潘兴"II 型导弹（见图 13-3）。它通过雷达地形匹配制导技术，将导航系统的精度提升到了迄今为止的最高水平。"潘兴"II 的特色是轻便、易携、当量可按需调整，调整范围为 5～50 千吨。当此型导弹部署到欧洲后，由于其与苏联的飞行距离大为缩短，苏联人所能获得的预警时间就被大大压缩了。此外，"潘兴"II 还具备钻地能力，可以起到"掩体炸弹"（bunker buster）的效果。

由于这种新型导弹可以在 6 分钟之内飞临苏联上空，并能够穿破坚固的地下掩体，苏联人的任何指挥控制系统都暴露在它的严重威胁之下。苏联人将其视为一种公然挑衅，但他们也并非束手无策，而是祭出了一种新型武器，一种在其指挥中心被摧毁后，仍可自动发射的核反击系统。这个系统也被称为"死亡之手"，内含一个卫星控制的传感器网络，一旦激活，就能够在无人值守的情况下，向预先设定好的坐标自动发射洲际核导弹 ①。

---

① 冷战时期，苏联为了对抗美国的核威慑，开发了一套"死亡之手"系统。一旦核大战发生，"死亡之手"如果在一定时间内没有收到苏联高层的回应，它就会自动开启对美国的绝地反击。这样做的目的是确保在苏联军事指挥系统全部瘫痪的情况下，仍有能力向美国发动二次核反击。

图 13-3 "潘兴" II 型导弹

冷战是人类历史上最为惊心动魄的军备竞赛阶段。每一种大杀器都牵扯其中，每一方参与者都穷兵黩武。武器的成本更是不可计算。20世纪60年代的时候，一艘潜艇造价为1.1亿美元，到了20世纪80年代，就一路飙升到了15亿美元，这可是10倍多的增长啊！同期，轰炸机的单价则从800万美元狂涨到了2.5亿。其他武器也仿佛商量好了一样相继涨价，导航系统、导弹、战斗机、坦克、巡洋舰、航空母舰、核弹头……不一而足。冷战期间，美苏这两个超级大国的军事开支都达到了史无前例的高度，不知道超过了其他多少个国家的GDP总和。

这场游戏也只有美苏可以玩下去。冷战时期，核武器"终极威慑"的作用体现得淋漓尽致。和很多动物武器一样，核武器不是拿来实用的，而是在冲突尚未升级的时候拿来"比划"的。看看朝鲜战争、越南战争、阿富汗战争，还有中东战争中的生灵涂炭，再想想招潮蟹挥舞着的大螯，其实它们都是一样的。这些所谓的代理人战争，其实只是两个超级大国用来秀肌肉的常规手段而已。美苏无论是哪方率先发难，另一方必然以牙还牙，但这些冲突都会在升级为全面核大战之前就找到解决之道。尽管这并不能为那些在代理人战争中失去亲朋好友的人们带来任何慰藉，但我还是要说，与按下核按钮、毁灭全人类相比，冷战中的核威慑实际上带来了某种恐怖下的和平。

曾经有很多位学者试图评估冷战的代价，但事实证明并非易事。无论如何，人们的共识是代价惊人。以美国为例，冷战期间的国防费用超万亿美元，这意味着美国每年GDP的10%及弹性预算的70%以上都用于了军费。军费支出必然波及其他事务，无论是社会福利、教育、医疗保险，还是住房建设都受到了直接影响。苏联更是伤痕累累，军费支出至少占用了 GDP 的 15%~17%，甚至还有人估计这一比例为 40%，这已经是军费支出的极度危险水平了。仅仅为了维持军备竞赛，苏联人明显已经透支了他们的可自由支配资产。还记得爱尔兰麋鹿吗，它们为了供养巨型鹿角，从体内的骨骼中抽调了大量钙和磷，而苏联人则是粗暴地动用了维持人民生计的基本资源，社会生活的方方面面都被极大地践踏了。这种资源消耗方式绝对是杀鸡取卵。果不其然，1991 年 12 月，苏联解体，爱沙尼亚、拉脱维亚、立陶宛以及乌克兰都相继独立，苏维埃社会主义共和国联盟正式解散，戈尔巴乔夫辞职，并宣布苏联总统职位不再存在。

终于，人类历史上最危险的军备竞赛在进入核大战之前戛然而止了。

好险！

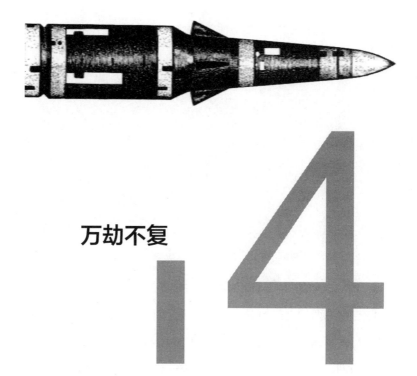

14

万劫不复

ANIMAL WEAPONS
The Evolution of Battle

动物武器

ANIMAL WEAPONS The Evolution of Battle

1983 年 11 月 8 日，苏联最高指挥部陷入了一片恐慌之中。美苏两国之间的对峙不断升级，而苏联已经进入了自 1962 年古巴导弹危机以来的最高警戒等级。早在 5 月份，苏联就已经全面启动了欧洲情报网，北约组织重要人物的一举一动都在其监视之内，目的就是为了发现任何与北约发动进攻有关的蛛丝马迹。而现在，各路情报正如潮水一般涌来：北约基地全面警戒，各国首脑、参谋长联席会成员等都陆续进入作战室；从拦截到的北约往来通信来看，信息格式也改变了，其中是否有诈？更要命的是，北约进入了"无线电静默"状态。种种情况表明，北约军队极有可能进入了最高的、获准使用核武器的一级戒备状态（DEFCON 1）[①]。苏联人最担心的事情终于要发生了吗？核大战迫在眉睫？

[①] 戒备状态（DEFCON）是衡量美国军队备战状态的等级，并与受到的军事威胁的严重程度相匹配。和平时期的协议是 DEFCON 5，协议的序号越小，情况越严重。DEFCON 1 代表遭受到实际性的军事攻击，军队被授权可以使用核武器。

事态严峻至此，原本也在意料之中。在过去的几年中，美国一直在不停地提升军事行动的强度，包括派遣潜艇逼近苏联的海岸线，以此来侦听和测试苏联军队的反应。航空母舰上，一拨拨的战斗机穿梭起飞，恶狠狠地直扑苏联领空。防空基地里警铃大作，此起彼伏，而在一阵歇斯底里的狂乱之后，警报又一次次地在最后时刻解除。这不仅仅是一个"狼来了"的游戏，很快北约军队就将具备从欧洲发射"潘兴"II 的能力，第一批导弹计划于年底上线，但很可能已经有几枚提前偷运进来了。这种钻地炸弹威力巨大，只需一枚就能将苏联领导层一网打尽，所以在这个当口，任何一次冲突都会迫使人们考虑首先发起核攻击的可能性。

美国一次次挑衅，战斗机、轰炸机轮番上阵，每次都杀气腾腾地冲着苏联领空而来，每次都把苏联人弄得心惊肉跳，而每次都在千钧一发之际调头而去。每制造一次这样的假警报，苏联高层的紧张就增加一分，而防空基地指挥官的神经就会绷得更紧一些，已经到了将近绷断的边缘。

4 月 6 日，6 架美军飞机终于做出越界之举，从隶属于苏控千岛群岛中的泽连尼岛（Zeleny Island）上空低空掠过。苏联人勃然大怒，为了挽回面子，他们立刻派遣战机前往阿留申群岛示威。

9 月 1 日，一架飞机进入苏联领空后并未折返，而是直接越过堪察加半岛上的洲际弹道导弹测试靶场，向苏军在符拉迪沃斯托克的太平洋舰队总部飞去。高度紧张的苏联人终于按捺不住了，一举将其击落。这显然是一个错误的决定，韩国航空的 007 号航班应声坠落在冰冷的大海里，机上 269 名乘客全部遇难。这起事件无异于在原来已经失控的政治局面上火上浇油，全世界都被激怒了。

接着，9月26日，弹道导弹的警报再次响起。苏联最新式的预警系统侦测到一枚民兵洲际导弹①从美国境内发射升空。基地内的所有系统都立刻进入了备战状态，但当值的斯坦尼斯拉夫·彼得罗夫中校（Stanislav Petrov）决定按兵不动，理由是：陆基雷达尚未确认这次发射。同时，对美国而言，他们也没有理由只发射一枚导弹。后来，这次警报被证实的确是一次电脑误判②。

一个月后，在全世界的众目睽睽之下，美国向格林纳达派遣了 6 000 名作战士兵和1.4万人的支援部队，并在9天之内一举瓦解了当地的亲共力量。苏联人颜面尽失，这幅情景让人们联想到了当年的古巴导弹危机。这次入侵中，美国赤裸裸地高举反共大旗，苏联人不禁担心这只是北约向华约大举进攻的第一步，下一个就轮到尼加拉瓜或者古巴了。

接着，在11月4日，也就是距离格林纳达事件两天之后，苏联的攻击核潜艇 K-324 在跟踪美国海军的护卫舰"麦克洛伊"号的时候，螺旋桨与"麦克洛伊"号拖曳的声呐阵列缠绕在了一起。潜艇被迫在南卡罗来纳的外海里浮出水面，并花了足足4天时间才被拖到古巴，整个过程中 K-324 完全暴露在美军的视线之下。这还不是最麻烦的，K-324 本来正在追踪若干艘美国的洲际导弹潜艇，这样一来，美国潜艇的踪迹全无！4 天之内，美国潜艇可以抵达地球上的任何地方，说不定已经将苏联本土纳入射程范围内了。而现在，11月8日，北约基地内全面警戒，国家首脑藏身于作战室，军事通信也让人摸不着头脑，这是有大事要发生的预兆啊！难道那个人人谈之色变的世界末日真的就要到来了吗？

---

① 民兵洲际导弹(Minute-man ICBM)，一种洲际弹道导弹，是美国战略导弹系统中的第三代。
② 误判的原因据说是将云层中太阳的反光判定为导弹了。——译者注

苏联军队严阵以待，位于波兰和东德的空军随时待命。对于苏军的这些行动，有人认为这是进攻的前兆，有人推断这只是一次演习。还有人一口咬定这是一次精心策划的掩盖行动，"兵者诡道"，苏联人对于真正的攻击一定另有安排。那么，为什么美国人不能采取同样的策略呢？问题在于，由于"死亡之手"系统尚未投入使用，苏联人要想确保二次核反击的能力，唯一的办法是先发制人，抢先发射导弹。如果打算这么干，那就时不我待，必须马上行动。但是应该这么做吗？别忘了，这个时候的北约导弹还毫无动静，万一美国人压根就没有想过发起进攻呢？与此同时，苏联还正面临着一场危险的领导层真空，总书记安德波洛夫（Yuri Andropov）正病危在床，已经有两个月没有参加任何政治局会议了。这无疑是雪上加霜，政治对抗和官场争斗都为这场危机增加了不确定性，局势变得更加扑朔迷离起来。要不要按下核按钮？在苏联的最高指挥部里，各方正在为此激烈辩论，而整个世界的命运就掌握在他们手中。

地球危在旦夕，而人们都被蒙在鼓里。就在那个 11 月，我正在纽约州的伊萨卡小镇读高中，正头疼于生物课上一个搞不定的实验；学校里排演音乐剧《油脂》①，我在里面扮演一个要发表毕业致辞的书呆子，所以还要抓紧时间背台词。对这场千钧一发的浩劫，我和其他所有人一样，浑然不觉。

当时，我未来的岳父恰好刚从戴维斯·蒙山空军基地（Davis-Monthan

---

① 《油脂》（Grease），又名《火爆浪子》，一部著名的青春音乐剧。

Air Force Base）退休，那里可是"大力神"II型洲际弹道导弹 ① 的老家。或许你觉得他可能察觉到了这场危机，事实上真没有。一直等到上述事件发生两年以后，一名叛逃的克格勃特工奥列格·戈德尔维斯基（Oleg Gordievsky）将详情披露给了英国情报局，那时苏联以外的人们才意识到核大战曾经离自己有多近。如今，随着冷战时期的文档陆续解密，这个事件的全貌开始慢慢浮出水面，人们这才发现真相是如此令人震惊。有史以来，人类第二次站在了毁灭的边缘，要知道，上一次是古巴导弹危机。

如果有人说，我们都欠苏联作战指挥中心的那几个做决定的人一条命，我也并不觉得夸张。人类命不该绝，仿佛是天意一般，苏联领导人在那天做出的决定正确无比。尽管遇到了一系列擦枪走火的事件和美国的反复挑衅，还有其自身由于领导层缺失造成的政治混乱，更不用说还有各种含糊不清的情报带来的困扰，但苏联人仍然保持了克制，没有发射导弹，而是选择了伺机而动，屏息以待。这种等待，也许是人类历史上最危险的游戏。

这场危机来得快、去得也快。领导人们终于从掩体中走了出来，军事基地恢复了平日情景。北约部队并没有进入传说中的一级戒备，他们只是在军事演习，一场意在模拟受到核攻击的演习，代号为"1983年优秀射手演习"（Operation Able Archer 83）。美国人导演、制造了大量以假乱真的细节，以模拟第一波核攻击的效果。北约当然不会有人去特意告知苏联人，也就不会有人意识到世界末日之战只在一念之间。真正的骇人之处在于，北约举行"1983年优秀射手演习"，本意是演习自己受到核攻击的

① "大力神"II型洲际弹道导弹，为美国的一种长程洲际弹道导弹（ICBM）。

场景，但他们根本没有意识到自己的举动可能会导致美苏核大战。

我不是地缘政治学家，更不是国家安全专家，甲虫才是我的专长，这是明摆着的事情。不过，我已经就动物和人类的军备竞赛做了很多比较性工作，再多花些工夫研究些冷战及其遗产也没有什么不好。那么，动物武器对我们这个世界有什么借鉴意义吗？

很多人认为，我们之所以能够熬过冷战存活下来，威慑效应发挥了决定性作用。而我通过本书中的研究发现，这种观点是比较合理的。在人类面临的两次惊天危机中，每次都是有惊无险，每次都是在最后时刻威慑定乾坤。两个超级大国，手握可以彻底摧毁对方的武器，深知其中的利害关系，谁都不敢真正发射导弹；而其他国家呢，只能战战兢兢、隔岸观火，绝不敢轻易地身涉其中。

冷战结束已经超过 20 年了。弹指一挥间，美国成了唯一的超级大国，其军工体系和海陆空军力量，都远超其他国家。这可是用每年几十亿美元的投入堆出来的。现在，美国已经是海岸上最大的招潮蟹了，武器独步天下、威震四方。那么，我们比以前更安全了吗？

或许可以这么说吧。人类的现代化武器的运作方式其实和动物武器相仿。先进的超音速超机动战斗机，最新型的杰拉德·R·福特级超级航空母舰（预计 2015 年下水 ①），还有前所未有的卫星侦察系统、情报收集超级计算机系统等，设计、建造以及维持所有这一切都需要巨额投入。只

---

① 原文如此，实际上第一艘福特级航母在 2017 年 5 月 31 号才正式交付给美国海军。——译者注

有最富有的国家才能担负得起，当然，这些武器在战争中体现出来的压倒性优势也物有所值。所以，我们就跟长着最大型、最昂贵的武器的动物一样，美国军队的强大威慑力使得没有哪个国家敢轻易跟我们开战。

在历史上，罗马军队和英国军队都曾凭借其霸主地位，创造了强权下的和平时代，分别称为泛罗马时代（Pax Romana）和泛不列颠时代（Pax Britannica）。有人会以此类推到美国也会创造一个"泛美时代"。只要美国继续在军事和经济上无人能敌，其他国家就不会主动与我们全面开战、正面为敌。这样一来，留给我们对手的选项，就只有不对称战争了，即打破常规、出奇制胜，甚至采取旁门左道的战术。

对这些对手而言，游击策略、侵扰战术是他们避免正面作战的手段。自杀性炸弹、汽车炸弹、简易爆炸装置等，无所不用其极，而且的确能够削弱美军武器的效力。此类攻击规模小、震慑力强，在一定范围内相当致命，但不会直接侵害到美国的主权以及大多数民众的安全。从表面上看，威慑还在很好地发挥作用，美国造这么多军火还真没白花钱。

问题是，大规模杀伤性武器出现了。

现实是残酷的。冷战中的军备竞赛，给人类留下了前所未有的一大堆武器，更给人类带来了前所未有的未知和危险。现代核武器和生物武器破坏力惊人，虽然很难想象几十亿人突然同时死亡的景象，但你不妨试一试。灾难过后，地球上还剩什么？气候、作物、森林、食物，一切都会发生不可逆转的改变：人类灭绝，生物凋零，生态系统彻底崩溃，我们已知的一切、我们关心的一切、我们未知的一切，都将化为灰烬。

听起来像不像好莱坞大片？但这绝非危言耸听。武器的威力过于恐怖，一旦使用，足以直接威胁整个人类的生存，所以，发生冲突的各方之间的利害关系和游戏规则都发生了改变。不管是否接受这一点，我们都会发现其实没得选：大规模杀伤性武器只能用来威慑，而其他的任何选项都意味着自杀。这就是我们的时代，威慑的时代，但早已不是一个完美的威慑时代，因为我们面临着诸多局限。

招潮蟹、甲虫、苍蝇、北美驯鹿等，凡是拥有终极武器的动物，都是玩弄威慑手段的高手，能在适合的条件下将威慑的作用发挥得淋漓尽致。它们会谨慎地选择是否开战。如果能打赢而不打，或许会损失一些好处；但如果因为胜算不大而不逞一时之勇，这就是一种明智之举。秘诀在于它们可以预测开战的后果，而做到这一点的前提是要有一种能够可靠地评估战斗力的手段。

双方实力的差异可以通过武器尺寸来评估，因为武器尺寸可以综合反映雄性动物的健康水平、体量大小、营养储备等信息，所以这些因素都有助于预测开战的后果。只要将这种可靠的评估手段往外一亮，双方实力就一目了然。一般情况下，武器相对较小的那方会知难而退。对这些动物来说，挥舞武器绝不是什么耀武扬威，而是大家都在以此表明实力。

但是，如果缺乏手段、胜负难料的话，那些轻易退出战斗的雄性，就放弃了一场原本有可能胜利的战斗，从而也就丧失了一次至关重要的交配机会。在动物世界里，如果没有可靠的信号，动物种群内的争斗往往会变得充满疾风骤雨和血雨腥风。如果说我们能从招潮蟹和北美驯鹿身上学到点什么的话，那就是和平。我们需要找到一种看得见、摸得着的武器，并以此作为可靠的信号来评估双方的战斗力。那么，有这样的武器吗？

动物武器要想满足这个条件，就必须足够昂贵，确切地说，是非常昂贵。一定是只有那些顶级的动物个体才供养得起的，这一点上是无法打肿脸充胖子的。如果谁都可以长出大型武器，那武器大小的差异还有什么意义呢？物以稀为贵，越是稀少越能反映真实的战斗力。也只有在这种情况下，武器相对较小的一方选择提前撤出战斗，才是一种审时度势、聪明智慧的理性做法。

冷战初期，以核武器为代表的大规模杀伤性武器的确符合这个要求。它们造价高昂，只有超级大国才有能力拥有核武。但随着军备竞赛的持续发展，核弹的造价开始呈现下降趋势。原来的常规武器成本飙升，如潜艇、战斗机、航空母舰，核弹的尺寸反而越来越小，成本也越来越低。很快，英国、法国都跟进了核武器的开发，中国和南非同样不甘示弱。到了20世纪70年代，印度的核弹头试射成功，等到了90年代，巴基斯坦也具备了核能力。而如今，以色列、朝鲜也成了核俱乐部成员。威慑能够起作用的重要前提消失了。

生化武器则相对更便宜。这方面的研究在第二次世界大战期间突飞猛进，而美苏在接下来的几十年内都在不遗余力地开发将致命病原转化为武器的技术。早在1972年《生物和毒素武器公约》（*Biological and Toxin Weapons Convention*）签署前，美国就每年投入约3亿美元开展各项针对人类、家畜和农作物病原体的研究，而且还开展了以昆虫来传播疫病的实验。苏联则在公约生效、禁令发布之后，仍继续开展这方面的研究，包括存储及不断改进各类抗寒、抗热的致命菌株，如炭疽病菌、瘟疫病毒、兔热病毒、肉毒杆菌、天花病毒、马尔堡病毒等。

生化武器的开发并不需要巨额投入，而且近年来门槛越来越低。如今，想要制造出哪怕是最危险的病原体，例如在1918年造成约1亿人死亡的禽流感病株 [①]，都只需要一间简易的地下实验室，再加上几千美元就足够了。如果生化武器的制作和使用是人人可为的事情，那么，谁又能威慑到谁呢？

我们正迈向一个许多国家都拥有大规模杀伤性武器的时代，在这个时代里，常规军的规模及相对强弱并不重要。核武器及生化武器的出现改变了游戏规则，你甚至可以管它们叫"作弊"，弱国从此也可以打败富有的对手。历史上并不缺乏这样的前车之鉴，每次一有杀伤力远超当时常规水平的武器出现，原本重金打造的军队就变得不值钱了。正如长弓和火枪终结了中世纪的盔甲，开花弹将帆战船和城堡逐出了历史舞台，我们极有可能离一个时间点越来越近，即低成本的核武器和生化武器使得维持一支昂贵的常规军队得不偿失。

从我眼里看来，更大的问题是武器本身及其所带来的连带损害。就算是威慑能够起作用——尽管我并不相信这一点，这也并不意味着这些武器不会被使用，威慑只是降低了其使用的概率而已。使用的可能性到底有多大呢？ 100次中有1次？还是像北美驯鹿那样，11 600次中有6次？动

① 即第一次世界大战期间被称为"西班牙流感"的世纪瘟疫。一般的说法是死亡人数为4 000万，但据现在的流行病学家估计，这个数字可能高达1亿。

动物武器
ANIMAL WEAPONS The Evolution of Battle

物世界的现实告诉我们，这些武器一旦使用，一定会升级为真正意义上的全面战争。在冷战前，计较这些概率意义不大，但时过境迁，大规模杀伤性武器犹如洪水猛兽一般改变了一切。黑暗中总有一线光明，我寄希望于人们在局势达到不可收拾的地步之前就可以预判到后果。那么，这种方法可行吗？

冷战中的军备竞赛，就跟沙滩上最大的两只招潮蟹之间的对抗行为一样。但是无处不在的对抗并不是大块头螃蟹的专利，每个海滩上都有不计其数的招潮蟹在张牙舞爪、推推搡搡、互探虚实，谁也说不准哪一场争斗会升级成为你死我活的厮杀。当一只招潮蟹碰上了比它大得多的对手，它也许会选择抽身而退，但绝不会就此归隐江湖。它只是想择机而战，而且专挑胜算大的对象下手。大家都这么想，于是，实力相近的对手终于碰到了一起。当两只中等个头的招潮蟹拉开架势之后，它们就会发现光靠比画是解决不了问题的，紧要关头早已没有什么回旋的余地，必须坚守阵地、硬碰硬地干上一仗。攻势骤然升级，推推搡搡变成了撞击碾压，如果无人退缩，最终一定是孤注一掷、拼死决战。

在海滩上，两只中等个头的招潮蟹哪怕是闹个天翻地覆，对周围的螃蟹影响都不大。可人类不是偏安在海滩上。一方面，大规模杀伤性武器的门槛已经比较低，大多数中等国家都可以拥有或者即将拥有；另一方面，这类武器的威力巨大，以致只要使用一次就有可能给全人类的文明带来灭顶之灾。所以，即使大规模杀伤性武器的确是解决争端的选项之一，我们也坚决不能让其发生，永远不能。然而，全面禁止大规模杀伤性武器似乎势比登天。只要看看现在的政治版图就知道了，如今所有的冲突热点都蓄势待发，随时都有可能升级为全面战争。朝鲜与韩国、印度与巴基斯坦、以色列与伊朗等，所有这些国家都实力相近、针锋相对，而所有这些国家也都已经装备了大规模杀伤性武器，或者很快就能具备相应的实力。

人类将何去何从？在本书中，尽管我用了 14 个章节来反复强调动物武器和人类武器是非常相似的，但不得不说，人类的武器还是有其独特之处的。现在人类所拥有的武器都是前所未有、闻所未闻的，从未有一种武器可以一举毁灭世界上所有的生命，也从未有一种武器恐怖到了一次也不能使用的地步。

当下，全球陷入了明争暗斗、派系纷争、种族冲突和宗教战争的泥淖之中，而人类似乎对此束手无策。人类最不需要的，就是大规模杀伤性武器落到越来越多不知深浅的冲突方手里。冷战时期，全球安全由两大超级大国操控，每一方都对此类武器的毁灭性威力心知肚明，也为此类武器的使用设置了层层关卡。即便这样人类还是至少有两次站在了核战的悬崖边上。时至今日，更多的政府在一念之间就可以决定人类的生死命运，有时甚至是掌握在流氓国家的手中。那么，谁能保证，任何国家在任何时候都可以做出正确的决定？

如果把恐怖组织考虑进去，前景就更为可怕了。到目前为止，恐怖组织的军事能力仍然停留在常规武器的水平上，他们也许不会按常理出牌，但受限于武器，恐怖组织所造成的灾难还被控制在相对较小的规模。如果一旦恐怖组织攫取了大规模杀伤性武器，这个世界会变成什么样？

通过写作此书，我从热带雨林、泥浆、雨水、甲虫和麋鹿之间一路而来，越行越远。我的探险之旅从讲述那些最非凡的动物世界的故事开始，慢慢地，反而在人类的历史中沉迷不已，时而心醉神驰，时而大惊失色。更多的时候，我在怀着敬畏之心观察着人类和动物之间的相似之处，一股不寒而栗的感觉油然而生，对人类的前景深感忧虑。对我来说，最终的结论确凿无疑：大规模杀伤性武器对战争发展的逻辑和利害关系具有天翻地覆的影响。

如果还有下一次军备竞赛，人类必将自取灭亡。

扫码获取"湛庐阅读"APP，
搜索"动物武器"查看本书参考文献。

译者后记 ————————

作者道格拉斯·埃姆伦是美国蒙大拿大学的一名生物学教授，曾经得奖无数，例如美国白宫颁发的"青年科学家总统奖"。他关于动物武器的研究成果经常出现在美英等国的媒体上。英国广播公司就请他讲述纪录片《自然界的终极武器：角、獠牙和鹿角》（*Nature's Wildest Weapons: Horns, Tusks and Antlers*），读者若感兴趣可以设法一观。

你别说，很多人一说起动物武器，想到的都是獠牙、尖角。我 2017 年在美国东海岸地区游玩时，恰逢刚翻译完这本书，只要一碰到书店，就兴冲冲地进去看看是否能找到原版。可惜遇到的大多数是为游客开的书店，此类稍微有些学术性的书籍都很难找。最后，在费城宾夕法尼亚大学旁的一间书店里，我找到管理员询问有没有《动物武器》，管理员起初一脸茫然，直到我起劲儿地比划"Horn""Tusk"，他才如梦初醒，很快从二楼的一个角落里翻出了这本书，还指着书中的插图冲我直乐。

实际上，道格拉斯·埃姆伦的学术研究方向是甲虫，特别是蜣螂。人们更为

动物武器
ANIMAL WEAPONS The Evolution of Battle

耳熟能详的名字是"屎壳郎"。他花了20年时间，在非洲、澳洲以及中南美洲等地，四处追寻甲虫。道格拉斯·埃姆伦最喜欢的是嗡蜣螂，因为其种类繁多、数量巨大、易于观察、个体差异非常显著，还能拿来饲养、做实验！为什么有的甲虫不长角？有的长角？为什么角的大小、样式千变万化？这些事情是他做梦都想搞清楚的。就这样，从蜣螂入手，他对动物武器的研究一直持续到了现在。对甲虫感兴趣的人不少，视甲虫为命中贵人的不多，道格拉斯·埃姆伦就是一个。如果看到这里，强烈建议你再回头琢磨一下本书的前言，相信能更好地体会到作者对科学的热爱。

道格拉斯·埃姆伦是一名充满激情的科学家，他把自己的发现与同行的研究成果整合在一起，成就了一本史诗般的著作。在他的笔下，动物武器的发展史犹如剥丝抽茧，将出现终极武器的三个基本要素干净、利落地展现在读者面前，前后呼应、一气呵成。再看看书中的各种引经据典，"杰拉尔德·威尔金森研究突眼蝇20年""托马斯·海登追踪黇鹿15年""约翰·克里斯蒂观察招潮蟹35年"，无一不体现着底蕴十足的学者风范。

道格拉斯·埃姆伦也是一名会讲故事的科学家。打开这本书，从任何一章读起，迎面而来的都是一篇要么妙趣横生、要么悬念连连的故事，让你不由得看下去。各种外人看起来枯燥无味的研究工作，在书里都成了私家侦探的探秘之旅，或许是因为这些故事都是作者的亲身经历。书中各种动物的故事也轮番登场，如雄为雌狂的突眼蝇、大张旗鼓的招潮蟹、偷天换日的乌贼、女尊男卑的水雉等。作者与动物，也仿佛是心神共通，比如他和一只甲虫面对面蹲着，大眼儿对小眼儿，谁都不打算先动；天上突降大雨，作者手忙脚乱，作为观察对象的水雉却一本正经地坐在浮动植毡上……

读者若有心，应该记得作者总计有三次在野外从睡梦中被惊醒。在洛基山公园，两只发情的公麋鹿打架，使得他只能战战兢兢地躲在一旁，这次观战，使道格拉斯·埃姆伦看清了公鹿固然威猛，其武器的生长却是以生命为代价的。在巴罗科罗拉岛上，随着一声巨响，他被甩在了地上，还以为是美国再次入侵巴拿马，在这里，道格拉斯·埃姆伦目睹了世界上最后一艘战列舰的暮归之旅，感悟出任何终极武器都有盛极而衰、无以为继的那一天。在哥斯达黎加的海滩上，作者正在休假，却被突如其来的潮汐连同帐篷泡在了水里，海滩上的招潮蟹与他为伴，也使他找到了武器威慑作用的最佳样板。三次惊醒，每一次都有不一样的故事，不一样的顿悟。

道格拉斯·埃姆伦更是一名有人文情怀的科学家，否则他不会在写作过程中花费那么大的精力去阅读人类的军事历史卷宗。最终，他证明了人类的武器其实和动物武器有着异曲同工之妙。作者说道："历经求索，我把动物武器和人类武器融合在一起，终于成就了这本小册子。"

何止是一本小册子！作者在书中不断反问："美国已经是海岸上最大的招潮蟹了，武器独步天下、威震四方。那么，我们比以前更安全了吗？"同时他也直抒胸臆："如果还有下一次军备竞赛，人类必将自取灭亡！"一股沉重感油然而生。

在第二次世界大战结束后不久，大物理学家爱因斯坦就曾针对人类武器的威力发出过警告，原子弹的使用就是人类的一大教训。将近 70 年过去了，又一位生物学家给出了同样的警告，只不过这一次，有动物作为我们的镜子。

正如道格拉斯·埃姆伦在书中专门向普林斯顿大学出版社的主编艾丽森·卡勒特（Alison Kalett）致谢，感谢她向自己提出了参阅与人类武器有关的文献一样，本书在翻译过程中得到了湛庐文化简学老师、郝莹老师的热心指点，特此表示感谢。由于译者水平有限，对原书的理解、翻译上一定存在不少不足之处，敬请谅解。

未来，属于终身学习者

我这辈子遇到的聪明人（来自各行各业的聪明人）没有不每天阅读的——没有，一个都没有。巴菲特读书之多，我读书之多，可能会让你感到吃惊。孩子们都笑话我。他们觉得我是一本长了两条腿的书。

——查理·芒格

互联网改变了信息连接的方式；指数型技术在迅速颠覆着现有的商业世界；人工智能已经开始抢占人类的工作岗位……

未来，到底需要什么样的人才？

改变命运唯一的策略是你要变成终身学习者。未来世界将不再需要单一的技能型人才，而是需要具备完善的知识结构、极强逻辑思考力和高感知力的复合型人才。优秀的人往往通过阅读建立足够强大的抽象思维能力，获得异于众人的思考和整合能力。未来，将属于终身学习者！而阅读必定和终身学习形影不离。

很多人读书，追求的是干货，寻求的是立刻行之有效的解决方案。其实这是一种留在舒适区的阅读方法。在这个充满不确定性的年代，答案不会简单地出现在书里，因为生活根本就没有标准确切的答案，你也不能期望过去的经验能解决未来的问题。

湛庐阅读APP：与最聪明的人共同进化

有人常常把成本支出的焦点放在书价上，把读完一本书当做阅读的终结。其实不然。

> 时间是读者付出的最大阅读成本
> 怎么读是读者面临的最大阅读障碍
> "读书破万卷"不仅仅在"万"，更重要的是在"破"！

现在，我们构建了全新的"湛庐阅读"APP。它将成为你"破万卷"的新居所。在这里：

- 不用考虑读什么，你可以便捷找到纸书、有声书和各种声音产品；
- 你可以学会怎么读，你将发现集泛读、通读、精读于一体的阅读解决方案；
- 你会与作者、译者、专家、推荐人和阅读教练相遇，他们是优质思想的发源地；
- 你会与优秀的读者和终身学习者为伍，他们对阅读和学习有着持久的热情和源源不绝的内驱力。

从单一到复合，从知道到精通，从理解到创造，湛庐希望建立一个"与最聪明的人共同进化"的社区，成为人类先进思想交汇的聚集地，共同迎接未来。

与此同时，我们希望能够重新定义你的学习场景，让你随时随地收获有内容、有价值的思想，通过阅读实现终身学习。这是我们的使命和价值。

湛庐阅读APP玩转指南

湛庐阅读APP结构图：

12+图书订阅服务
纸质书
有声书
电子书

读什么

湛庐阅读APP

怎么读

泛读：一书一课
通识：通识课
精读：精读班

优秀的读者和终身学习者

与谁共读

跟谁读

作者、译者、专家、推荐人和阅读教练

三步玩转湛庐阅读APP：

读一读 ▾

湛庐纸书一站买，
全年好书打包订

书城

听一听 ▾

泛读、通读、精读，
选取适合你的阅读方式

精读班　一书一课
　　　　通识课

扫一扫 ▾

买书、听书、讲书、
拆书服务，一键获取

扫一扫

APP获取方式：
安卓用户前往各大应用市场、苹果用户前往APP Store
直接下载"湛庐阅读"APP，与最聪明的人共同进化！

使用APP扫一扫功能，
遇见书里书外更大的世界！

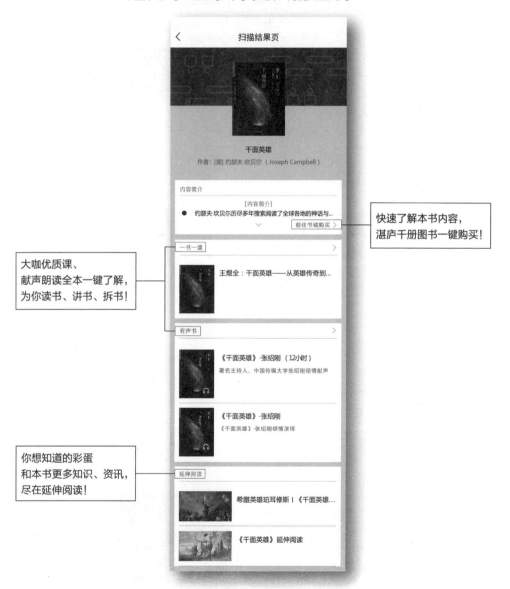

快速了解本书内容，
湛庐千册图书一键购买！

大咖优质课、
献声朗读全本一键了解，
为你读书、讲书、拆书！

你想知道的彩蛋
和本书更多知识、资讯，
尽在延伸阅读！

延伸阅读

《半个地球》

◎ "社会生物学之父"、两届普利策奖得主、进化生物学先驱、殿堂级的科学巨星爱德华·威尔逊重磅新书！

◎ 北京大学哲学系教授刘华杰，中国科学院大学教授李大光，分享收获农场执行董事、"全球40岁以下影响食物系统的20人"农人石嫣，《大转向》作者史蒂芬·格林布拉特，科普作家奥利弗·萨克斯，著名全球发展问题专家杰弗里·萨克斯鼎力推荐！

◎ 爱德华·威尔逊继《生命的未来》与《缤纷的生命》之后又一聚焦生物多样性、关注全球物种灭绝的倾情力作！亚马逊年度最佳科学图书！

使用"湛庐阅读"APP，"扫一扫"获取本书更多精彩内容
ISBN 978-7-213-08428-7

《人类存在的意义》

◎ "社会生物学之父"、两届普利策奖得主、进化生物学先驱、殿堂级的科学巨星爱德华·威尔逊最新力作！

◎ 北京大学哲学系教授刘华杰，美国前副总统阿尔·戈尔，环境保护主义理论家、畅销书《幸福经济》作者比尔·麦吉本，著名脑神经学家、科普作家奥利弗·萨克斯，著名全球发展问题专家、畅销书《贫穷的终结》作者杰弗里·萨克斯鼎力推荐！

使用"湛庐阅读"APP，"扫一扫"获取本书更多精彩内容
ISBN 978-7-213-08436-2

《人体的故事》

◎ 继《枪炮、病菌与钢铁》和《人类简史》之后，又一本讲述人类进化史的有趣著作！

◎ 清华大学教授、《知识分子》主编鲁白，复旦大学中文系教授、《新发现》杂志主编严锋，知识型网红、国家博物馆讲解员河森堡鼎力推荐！

使用"湛庐阅读"APP，"扫一扫"获取本书更多精彩内容
ISBN 978-7-213-08015-9

《上帝的手术刀》

◎ 雨果奖得主郝景芳、清华大学教授颜宁倾情作序！雨果奖得主刘慈欣、北京大学教授魏文胜、碳云智能首席科学家李英睿、《癌症·真相》作者菠萝、《八卦医学史》作者烧伤超人阿宝联袂推荐！

◎ 一本细致讲解生物学热门进展的科普力作，一本解读人类未来发展趋势的精妙"小说"。

使用"湛庐阅读"APP，"扫一扫"获取本书更多精彩内容
ISBN 978-7-213-07975-7

图书在版编目（CIP）数据

动物武器 /（美）埃姆伦著；（美）图斯插图；胡正飞译 .—杭州：浙江人民出版社，2018.1

ISBN 978-7-213-08522-2

Ⅰ.①动⋯　Ⅱ.①埃⋯　②图⋯　③胡⋯　Ⅲ.①动物 – 进化 – 研究　Ⅳ.① Q951

中国版本图书馆 CIP 数据核字（2017）第 312998 号

浙江省版权局
著作权合同登记章
图 字：11-2018-68 号

上架指导：社会科学 / 科普读物

动物武器

［美］道格拉斯·埃姆伦　著

［美］戴维·图斯　插图

胡正飞　译

出版发行：浙江人民出版社（杭州体育场路 347 号　邮编　310006）

市场部电话：（0571）85061682　85176516

集团网址：浙江出版联合集团　http://www.zjcb.com

责任编辑：朱丽芳

责任校对：杨　帆　朱志萍

印　　刷：河北鹏润印刷有限公司

开　　本：720mm × 965mm 1/16　　　　**印　　张：**18.75

字　　数：209 千字　　　　　　　　　　**插　　页：**1

版　　次：2018 年 1 月第 1 版　　　　　**印　　次：**2018 年 1 月第 1 次印刷

书　　号：ISBN 978-7-213-08522-2

定　　价：82.90 元

如发现印装质量问题，影响阅读，请与市场部联系调换。